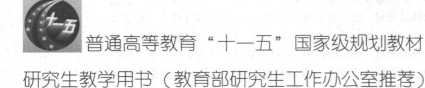

普通高等教育"十一五"国家级规划教材

研究生教学用书（教育部研究生工作办公室推荐）

虚 拟 设 计

第 3 版

陈定方　罗亚波　等著

U0243607

机 械 工 业 出 版 社

本书全面、系统地介绍了虚拟设计的理论与研究成果,内容主要包括虚拟现实技术体系结构、虚拟现实硬件基础、虚拟现实软件技术、虚拟设计中的建模技术、虚拟加工系统的设计与开发、基于力觉/触觉反馈技术的交互式虚拟拆卸系统、虚拟设计与3D打印软硬件融合平台、虚拟环境下的物理建模、增强现实案例——虚拟与现实融合的路径可调室内攀岩机。全书内容翔实、案例典型,具有系统性、先进性和实用性。

　　本书可作为高等学校本科学生、研究生"虚拟设计"课程的教材,也可以作为从事虚拟设计/虚拟制造的研究或者应用人员的参考书。

图书在版编目（CIP）数据

虚拟设计/陈定方等著 . —3 版 . —北京：机械工业出版社，2019.2

普通高等教育"十一五"国家级规划教材

ISBN 978-7-111-62133-1

Ⅰ.①虚…　Ⅱ.①陈…　Ⅲ.①仿真系统-高等学校-教材　Ⅳ.①TP391.92

中国版本图书馆 CIP 数据核字（2019）第 038042 号

机械工业出版社（北京市百万庄大街 22 号　邮政编码 100037）
策划编辑：王春雨　责任编辑：王春雨
责任校对：张晓蓉　封面设计：严娅萍
责任印制：张　博
三河市国英印务有限公司印刷
2019 年 4 月第 3 版第 1 次印刷
184mm×260mm · 10 印张 · 246 千字
标准书号：ISBN 978-7-111-62133-1
定价：45.00 元

前　言

回顾 70 多年来计算机技术发生、发展和不断完善的过程，各行各业的计算机应用都在按照自动化（Automation）、智能化（Intelligence）、可视化（Visualization）不断发展。目前备受关注的"VR"技术，是十分引人瞩目的一个分支。

"VR"技术即虚拟现实技术，是计算机图形学、人工智能、计算机网络、信息处理等技术综合发展的产物。虚拟设计是基于虚拟现实理念和技术手段的设计，是在由高性能计算机和网络构成的虚拟空间中通过计算机仿真技术、专家系统的辅助进行产品研制的设计过程。虚拟设计充分利用虚拟现实技术的交互性、沉浸感和构想性三个重要特征，构造当前不存在的环境、人类不可能到达的环境和耗资巨大的产品设计环境。

在虚拟设计过程中，设计对象可以通过极具沉浸感的显示系统呈现在人们的眼前，通过力反馈系统将设计对象的力学特性传递给设计者，通过专家系统对产品设计进行全方位的观察、检测、优化，从而在产品的设计阶段模拟出产品，即虚拟样机开发的全过程，从而评估对产品设计的影响，预测产品功能、性能、制造成本、工艺性、可维护性、可拆卸性，提高产品设计的成功率，灵活、经济地组织生产，提升产品质量和生产效率，缩短开发周期和降低成本，缩短产品设计与用户之间的距离。

尽管虚拟设计的出现只有很短的时间，但它对传统设计方法的革命性的影响却很快地显现出来。由于虚拟设计系统基本上不消耗资源和能量，也不生产实际产品，而是产品的设计、开发与加工过程在计算机上的实现，即完成产品的数字化过程。与传统的设计和制造相比较，它具有高度集成、快速成型、分布合作等特征。这些特征能够很好地解决 TQCSE 难题，即以最快的上市速度（T—Time to Market）、最好的质量（Q—Quality）、最低的成本（C—Cost）、最优的服务（S—Service）和保护环境（E—Environent）来满足不同顾客的需求。因此，虚拟设计技术不仅在科技界，而且在企业界引起了广泛关注，成为研究的热点。

1996 年以来，作者的研究团队，先后承担了一系列科学研究项目和用户委托的应用项目，并取得了一定的成果，如："分布式虚拟设计/制造研究及应用"获得湖北省科技进步一等奖；"基于分布式虚拟汽车驾驶平台关键技术研究"获得湖北省科技进步二等奖；"长江干堤重点堤岸失稳计算机仿真系统 CJDAFZS"获得湖北省科技进步二等奖。

为了总结研究工作，与更多的同行交流研究成果，同时，也为了使正在进入虚拟设计领域的年轻学者尽快进入学科前沿，我们撰写了这本专著，并分别于 2002 年出版了第 1 版、2007 年出版了第 2 版。本书推出后，取得了良好的应用效果，被遴选为普通高等教育"十一五"国家级规划教材、研究生教学用书。

自本书第 2 版推出近十年来，研究团队在虚拟设计领域取得了一系列新的成果，如："虚拟与现实融合的路径可调室内攀岩机"获得湖北省第十一届"挑战杯"竞赛特等奖、第十五届全国"挑战杯"竞赛三等奖；"无线传感器网络与移动机器人相结合的物联网技术研究与应用"获得湖北省科技进步二等奖;"桥(门)式起重机作业人员仿真操作培训考核专家系统"获得湖北省科技进步二等奖;"面向供应链服务的现代物流中心关键技术与应用"获得湖北省科技进步二等奖。

基于虚拟设计技术在近年来的发展,研究团队在第 2 版的基础上,总结归纳近年来的新成果,推出第 3 版,介绍了更深层次的方法和更前沿的技术,如:虚拟环境下的物理建模、增强现实技术、VR 与 3D 技术融合平台及企业应用案例等。

第 3 版由 10 章组成。

第 1 章至第 5 章为理论基础部分。

第 1 章 绪论,对虚拟现实的概念、组成、发展历程、国内外研究现状和主要应用及未来发展进行了概述。

第 2 章 虚拟现实技术体系结构,论述了虚拟现实技术与计算机仿真的关系、虚拟现实技术体系结构、虚拟现实系统的分类、虚拟设计/制造系统的体系结构,并阐述了前沿的 AR/MR 等新技术的发展趋势。

第 3 章 虚拟现实硬件基础,从人的感官对应的各种接口着手,介绍了手部数据交互设备、视觉感知设备、听觉感知设备、触觉和力反馈设备、虚拟嗅觉、味觉设备等 VR 硬件设备。

第 4 章 虚拟现实软件技术,以典型的虚拟现实建模语言 VRML 和虚拟世界工具包 WTK 为软件工具,介绍了虚拟环境开发的一般软件技术。

第 5 章 虚拟设计中的建模技术,在阐述虚拟建模的类型的基础上,分别介绍了几何建模、基于图像的建模、图像与几何模型相结合的虚拟环境建模技术,并介绍了场景优化方法。

第 6 章至第 10 章为应用部分。

第 6 章 虚拟加工系统的设计与开发,阐述虚拟加工系统的设计与建模方法、插补算法,介绍了基于 OSG 的虚拟数控加工场景漫游和虚拟数控车削过程,以创新设计产品———非圆齿轮为例,介绍了基于 VR 技术的加工过程。

第 7 章 基于力觉/触觉反馈技术的交互式虚拟拆卸系统,在阐述力反馈交互技术原理的基础上,以虚拟拆卸为实例,阐明了力反馈技术的实现与应用方法。

第 8 章 虚拟设计与 3D 打印软硬件融合平台,阐述了虚拟现实与 3D 打印软硬件融合平台的构思,设计了虚拟设计与 3D 打印融合平台框架,以双圆弧谐波减速器为例,阐明了虚拟设计与 3D 打印相融合的设计方法。

第 9 章 虚拟环境下的物理建模,分别用行星减速器的虚拟装配、虚拟环境下的行星减速器动力学特性分析、虚拟环境下的桥式起重机驾驶模拟器物理建模三个案例,阐述了虚拟环境下物理建模的基本理论与方法。

第 10 章 增强现实案例———虚拟与现实融合的路径可调室内攀岩机,以作者研究团队完成的全国"挑战杯"竞赛获奖作品为案例,阐述了增强现实的基础理论与实现方法。

本书的第 1 章由罗亚波、杨艳芳、陈定方撰写,第 2 章由杨艳芳、罗亚波、田斌、陈定方撰写,第 3 章由杨艳芳、周丽琨、王锐、陈定方撰写,第 4 章由罗亚波、杨艳芳、周丽琨、陈定方、郭文庚撰写,第 5 章由杨艳芳、吴敬兵、陈满意、陈定方、李勋祥撰写,杨普归纳整理,第 6 章由杨艳芳、李波、孙晗、柏强、陈定方、袁莎撰写,第 7 章由杨艳芳、李嘉、杨普、王锐、陈定方撰写,第 8 章由陈定方、杨艳芳、曾帆、聂少文、李波、何李朋撰写,第 9 章由陈定方、陶孟仑、何毅斌、有人、李亚强撰写,李攀归纳整理,第 10 章由梅杰、王思涵、陶孟仑、陈定方撰写,何烽仡归纳整理。全书由陈定方、罗亚波整理成文。

在本书出版之际,要感谢武汉市科学技术局、湖北省科学技术厅、国家自然科学基金委员会、国家 863 高技术专家组和教育部数字制造装备与技术国家重点实验室、材料成形与模具技术国家重点实验室、中国科学院计算技术研究所智能信息处理重点实验室对我们研究工作的支持。这是我们能够长期从事应用基础研究的有效保证。要感谢多年来在研究所一起学习与工作的博士后、博士研究生和硕士研究生们,没有他们的辛勤劳动和长期积累,亦不可能有本书的出版。要感谢上海振华重工(集团)股份有限公司(ZOMC)、武钢集团机械制造公司、东风汽车制造公司、武汉重型机床集团有限公司、中船重工集团 716 研究所、海军潜艇学院、郑州机械研究所、深圳惠尔海洋工程设计有限公司、湖北科峰传动设备制造有限公司、云南吉人包装科技有限公司等企业在与我们长期的合作过程中,对我们的支持和帮助。

由于作者水平所限,书中难免存在不足与错漏,恳请广大读者批评、指正。

陈定方　罗亚波

目　　录

第 1 章 绪 论

虚拟现实技术起源于 20 世纪 60 年代。计算机图形学、人机接口、图像处理与模式识别、语音处理与音响、高性能计算机系统、人工智能等技术的长足发展，促进了虚拟现实的多层面的发展与应用。如图 1.1 所示，将混合现实（下称 MR）视为包括增强现实（下称 AR）及增强虚拟（下称 AV）在内的一个更为广泛的一维"真实-虚拟"连续闭集空间，横轴左端为纯现实环境，横轴右端为纯虚拟环境，MR 是在横轴上除去左右端点外的其余部分，AR、AV 则分别是位于更接近真实环境和虚拟环境的一部分连续空间。

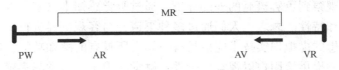

图 1.1 一维"真实-虚拟"连续闭集空间

物理世界（下称 PW）是人类所处的、不需要借助设备就能够感知的自然环境、人文环境，亦称真实世界。

MR 是一种使真实世界和虚拟物体在同一视觉空间中显示和交互的计算机虚拟现实技术。

AV 则是将物理世界的信息叠加到虚拟现实技术模拟、仿真的世界中。

VR 采用计算机图像技术等对物理世界的实体信息进行模拟、仿真。

AR 是将 VR 技术模拟、仿真的信息叠加到物理世界中，被人类感官所感知。AR 使用者以姿态、手势、语音等形式，通过声音、影像、光、水、雾、烟、振动等的综合与现实世界实现深度、实时的交互。

VR 是要达到增强现实的目的，即用虚拟物体来丰富、增强真实的环境，而不是用它来代替真实的环境。其作用是给用户一个将现实世界和计算机中的虚拟模型结合起来的工作环境。下面分别介绍虚拟现实技术及增强现实技术。

1.1 虚拟现实的概念

1.1.1 虚拟现实的定义

虚拟现实（VR）是一种计算机界面技术。利用计算机软硬件、传感器和网络，模拟一个包括几何三维空间和时间维的四维空间的虚拟世界，提供使用者关于视觉、听觉、触觉以及嗅觉、味觉等感官的模拟，让使用者如同身临其境，可以即时、没有限制地观察空间内的事物，如图 1.2 所示。

一个完整的虚拟现实系统包含一个逼真的三维虚拟环境和符合人们自然交互习惯的人-机交互界面，使人作为参与者通过适当装置，自然地对虚拟世界进行体验和交互。分布式虚拟现实系统还要包含用于共享信息的人-人交互界面。用户可以沉浸在一种人工的虚拟环境里，通过虚拟现实软件及其有关外部设备与计算机进行充分的交互，进行构思，完成所希望的任务。

图1.2　虚拟现实

虚拟现实技术突出的价值在于：①用于构造当前不存在的环境；②构造人类不可能到达的环境；③构造现实中需巨大财力、物力才可建成的环境。

1.1.2　虚拟现实的本质特性

人们在现实世界中是通过眼睛、耳朵、手指等器官来实现视觉、听觉、触觉等功能的。人们可以通过视觉观察到色彩斑斓的外部环境，通过听觉感知丰富多彩的音响世界，通过触觉了解物体的形状和特性。总之，人们通过多种渠道，与客观世界进行交互，并沉浸在客观世界中。因此，理想的虚拟现实技术应该具有一切人所具有的感知功能，应该包含对人自然交互方式的模拟，能提供给用户以视觉、听觉、触觉、嗅觉、味觉等多感知通道，应该具有交互性（Interaction）、沉浸感（Immersion）及构想性（Imagination）三个典型特征，简称为3I 或 I^3，如图1.3 所示。

交互性：指操作者能够对虚拟环境中的事物进行操作，并且操作的结果能被操作者感知。例如，用户可以用手去直接抓取虚拟环境中虚拟的物体，这时手会有握着东西的感觉，并可以感觉到物体的重量，视野中被抓的物体也能随着手的移动而移动。

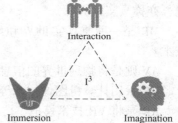

图1.3　虚拟现实的本质特征

沉浸感：又称临场感，是指用户感到作为主角存在于虚拟环境的真实程度。理想的虚拟环境应该达到使用户难以分辨真假的程度，例如可视场景应随着视点的变化而变化，使用户全身心地投入到计算机创建的三维虚拟环境中，该环境中的一切看上去像是真的，听上去像是真的，动起来像是真的，甚至闻起来、尝起来等一切感觉都像是真的，如同进入了一个真实的客观世界。

构想性：强调虚拟现实技术具有广阔的可想象空间。用户沉浸在虚拟环境中通过交互不仅可以获得新知识，还可以与虚拟环境相互作用，并借助人本身对所接触事物的感知和认知能力，帮助启发用户的思维，以全方位地获取虚拟环境所蕴含的各种空间信息和逻辑信息。

沉浸/临场感和实时交互性是虚拟现实的实质性特征，对时空环境的现实构想（即启发思维、获取信息的过程）是虚拟现实的最终目的。

1.1.3　虚拟现实的组成

根据虚拟现实的概念及其三个本质特征可知，虚拟现实技术是在众多的相关技术基础上发展起来的。虚拟现实系统为用户提供视觉、听觉、触觉、嗅觉，甚至能进行交互，如图1.4 所示。

视觉：俗话说，眼见为实，可是在虚拟世界里，眼见并不一定为实，很可能是虚幻的事

物。而这些虚幻的事物有时需要我们通过某种
"利器"才能很好地感受并沉浸其中，这就是
"数据头盔"，也称为头盔式显示器。

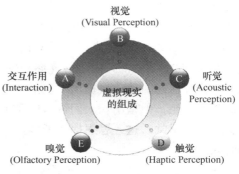

图 1.4　虚拟现实的组成

　　听觉：在虚拟世界中听见的声音，都是由计
算机生成，并通过扬声器播放出来的。例如，当
扬声器播放头顶有一架飞机从左至右飞过的声音
时，你闭上双眼，就真会感觉到头顶有一架飞机
从左至右飞过。这就是声音带给你的刺激。

　　触觉：在现实生活中，当我们伸手去触摸物
体时，你会有一种触碰的感觉。那么，虚拟现实
技术是怎样让我们有这种感觉的呢？这正是力反馈的作用。在虚拟现实世界中，力反馈能带
给我们真实的触感，这种反馈的产生得益于力反馈装置。

　　嗅觉：气味是一种非常强大的情绪催化剂，能让你瞬间联想到很多东西并产生真实的感
受，这种效果比视觉或听觉刺激要好得多。虚拟现实中的嗅觉模拟往往是通过特定的传感设
备根据虚拟情景的需要来产生相应的气味，进而使人产生相应的嗅觉体验。如：Vapor Com-
munications 公司的 Cyrano 设备，FeelReal 公司的 FeelReal Mask 面具等都可以实现对嗅觉的
模拟。

　　味觉：味觉是不可或缺的基本感觉之一。我们的舌头上分布有许多的味蕾（传感器），
使我们在吃东西时能感觉到酸甜苦辣等各种味道。在虚拟现实技术中，这种感觉可以通过数
码味觉接口来实现，这种数码味觉接口包含两个主要模块：第一个是控制系统，可以配置不
同性质的刺激：电流、频率和温度，把这些刺激结合起来，就可以欺骗味觉传感器，让它们
以为正在体验和食物有关的感觉，但事实上，它们只是在体验第二模块传递的温度变化和电
刺激，第二个模块叫作"舌头接口"，是两片薄薄的金属电极。酸、咸、苦的感觉是通过电
刺激模拟的，薄荷味、辣味和甜味是通过热刺激模拟的。

　　虚拟现实作为一项综合技术，集成了计算机图形学、多媒体、人工智能、多传感器、网
络、并行处理等技术的最新研究成果，为我们创建和体验虚拟世界提供了有力的支持。由于它
生成的视觉环境是立体的，音效是立体的，人机交互是和谐友好的，因此虚拟现实技术将一改
人与计算机之间枯燥、生硬和被动的现状，即计算机创造的环境将使人们陶醉在工作环境之中。

　　VR 作为一个通用的计算平台，涉及四个技术领域：①意图捕捉，能够在任何时刻可靠
和快速地理解用户需求，即输入方式；②人物捕捉，包括感知、编码、重现使用者的外观、
行为、情绪、非语言暗示等信号；③环境捕捉，指感知、编码、重现真实世界的环境；④环
境渲染，以高质量渲染虚拟的世界，其中包括相关的感知方式。

1.2　虚拟现实的发展历程和研究现状

1.2.1　虚拟现实的发展历程

　　虚拟现实是随着科技的进步、经济的发展而兴起的一门由多学科支撑的新技术，它可以
很好地满足市场全球化所提出的要求，并且有助于人们更好地去解决资源问题、环境问题与

需求多样性问题。

美国是 VR 技术的发源地，美国 VR 技术的研究水平基本上代表了国际 VR 发展的水平。

1965 年，在 IFIP 会议上，有 VR "先锋" 之称的计算机图形学的创始人 Ivan Sutherland 做了题为《The Ultimate Display（终极的显示）》的报告，提出了一项富有挑战性的计算机图形学研究课题。他首次提出了包括交互图形显示、力反馈以及声音提示功能的虚拟现实系统的基本思想。他指出：人们可以把显示屏当作观察虚拟世界的窗口，它可以给观察者带来身临其境的感觉。这一思想提出了虚拟现实的雏形。至此，人们正式开始了对虚拟现实系统的研究。

1966 年，美国 MIT 的林肯实验室正式开始了头盔式显示器的研制工作。在第一个头盔式显示器（HMD）的样机完成不久，研制者又把能模拟力量和触觉的力反馈装置加入到这个系统中。

1968 年，Ivan Sutherland 使用两个可以戴在眼睛上的阴极射线管（CRT）显示器，研制出了第一台头盔式三维显示器，并发表了题为 "A Head - Mounted 3D Display（头盔式三维显示装置）" 的论文，对头盔式三维显示装置的设计要求、构造原理进行了深入的讨论，并绘出了这种装置的设计原型，成为三维立体显示技术的奠基性成果。

1975 年，Myron Krueger 提出了 "人工现实" 的思想，展示了一种并非真实存在的概念化环境。

20 世纪 80 年代，美国宇航局及美国国防部组织了一系列有关虚拟现实技术的研究，并取得了令人瞩目的研究成果，从而引起了人们对虚拟现实技术的广泛关注。

1985 年，Scott Fisher 等研制了一种著名的 "数据手套"（Data Glove），这种柔性、轻巧的手套可以测量手指关节的动作、手掌的弯曲以及手指间的分合，从而可编程实现各种 "手语"。

麻省理工学院（MIT）是一个一直走在最新技术前沿的教学和研究机构。1985 年 MIT 成立了媒体实验室，进行虚拟环境的正规研究。此外，MIT 还在进行 "路径规划" 与 "运动计划" 等研究。

1987 年，美国 VPL 研究公司发明了数据服。1988 年，VPL 建立了一套完整的 VR 系统。1989 年，VPL 创始人 Jaron Lanier 提出了 "Virtual Reality（虚拟现实）" 这个名词。

1990 年，在美国达拉斯召开的 Siggraph 会议上，对 VR 技术进行了讨论，明确提出了 VR 技术的主要内容是实时三维图形生成技术、多传感交互技术以及高分辨率显示技术，这为 VR 技术的发展确定了研究方向。

除美国外，欧洲、日本的研究者也踊跃投入了虚拟现实技术的研究。

在 VR 开发的某些方面，特别是在分布并行处理、辅助设备（包括触觉反馈）设计和应用研究方面，欧洲是领先的。1991 年底，英国已有从事 VR 研究的六个中心：Windustries（工业集团公司），British Aerospace（英国航空公司），Dimension International，Division Ltd，Advanced Robotics Research Center，Virtual Presence Ltd（主要从事 VR 产品销售）。

British Aerospace（BAE）开发的大项目 VECTA（Virtual Environment Configurable Training Aid）是一个高级测试平台，用于研究 VR 技术以及考察用 VR 代替传统模拟器的潜力。VECTA 的子项目 RAVE（Real and Virtual Environment）就是专门为在座舱内训练飞行员而研制的，已在 1992 年的 Farnborough 航空展示会上进行了首次演示。

德国 Darmstadt 的 Fraunhofer 计算机图形研究所（IGD‑FHG）在 1992 年建立了一个 VR 演示中心，用于评估 VR 对未来系统和界面的影响，该中心的任务是在测试平台环境中给用户和生产者提供通向先进的可视化、模拟技术和 VR 技术的途径，因为新的思想和实验可以从中通过真实、方便的实验来证实。

1992 年，在法国召开了 VR 的第一次国际会议——真实世界和虚拟世界的接口。

日本主要致力于建立大规模虚拟现实知识库，在虚拟现实游戏方面的研究也处于领先地位。富士通实验室有限公司研究虚拟生物与虚拟现实环境的相互作用、虚拟现实中的手势识别。日本奈良先端科学技术大学院大学（Nara Institute of Science and Technology）千原国宏教授所领导的团队开发出一种嗅觉模拟器，是虚拟现实技术在嗅觉领域的一项突破。

20 世纪 90 年代以来，在"需求牵引"和"技术推动"下，VR 研究取得了突飞猛进的发展，并将技术成果成功地集成到一些很有实用前景的应用系统中，如：Apple 公司的人机接口实验组（ATG）建立了一个基于实景的成像环境，在其中用户能与 QuickTime 数字视频数据交互，用虚拟现实技术设计波音 777 获得成功则是近年来引起科技界瞩目的又一件大事。

1.2.2 国内虚拟现实技术的研究现状

和一些发达国家相比，我国还有一定的差距，但已引起了政府有关部门和科学家们的高度重视。国家自然科学基金委员会、国家高技术研究发展计划等都把 VR 列入了研究项目。在紧跟国际新技术的同时，国内一些重点院校已积极开展了这一领域的研究工作。

北京航空航天大学计算机系是国内最早进行 VR 研究的单位之一，他们进行了一些基础研究，并着重研究虚拟环境中物体物理特性的表示与处理，在虚拟现实中的视觉接口方面开发了部分硬件，并提出了有关算法及实现方法，实现了分布式虚拟环境网络设计，建立了网上虚拟现实研究论坛，可以提供实时三维动态数据库，提供虚拟现实演示环境，提供用于飞行员训练的虚拟现实系统，提供开发虚拟现实应用系统的平台。

浙江大学 CAD&CG 国家重点实验室在图像的虚拟现实、分布式虚拟环境的建立、多细节层次模型构建、真实感三维重建、基于几何和图像的混合式图形实时绘制算法等领域开展了深入的研究，在国内外产生了广泛的影响。

哈尔滨工业大学计算机系已经成功地解决了人的高级行为中特定人脸图像的合成、表情的合成和唇动的合成等技术问题，并正在研究人说话时头势和手势、语音和语调的同步等。

清华大学计算机科学与技术系对虚拟现实和临场感等方面进行了研究。在球面屏幕显示和图像随动、克服立体图闪烁的措施和深度感试验等方面都有不少独特的方法。

西安交通大学信息工程研究所对虚拟现实中的关键技术——立体显示技术进行了研究。他们在借鉴人类视觉特性的基础上提出了一种基于 JPEG 标准压缩编码新方案，并获得了较高的压缩比、信噪比以及解压速度。

中国科技开发院威海分院主要研究虚拟现实中的视觉接口技术，完成了虚拟现实中的体视图像对算法回显及软件接口。在硬件开发上已经完成了 LCD 红外立体眼镜，并且已经实现商品化。

西北工业大学 CAD/CAM 研究中心、上海交通大学 CIM 研究所、上海交通大学图像处理与模式识别研究所、国防科技大学计算机研究所、华东船舶工业学院计算机系、国家

CAD 支撑软件工程技术研究中心、华中科技大学仿真中心、武汉理工大学智能制造与控制研究所及汽车学院、广东工业大学等单位都进行了一些卓有成效的研究工作。其中，上海交通大学 CIM 研究所承担了国家自然科学基金重点项目"虚拟制造的理论与技术基础"，在有关理论与方法、系统开发与应用、虚拟环境建设方面做了大量的工作。

1.3 虚拟现实技术的主要应用领域

1.3.1 工程应用

20 年来，计算机辅助设计和制造技术取得了重大成功，虚拟现实则提供了一个通向虚拟工程空间的途径。在虚拟工程空间中，我们可以设计、生产、检测、组装和测试各种模拟物体。用虚拟现实技术设计波音 777 获得成功，是虚拟现实技术在工业应用中的一个经典案例。航天发动机设计、潜艇设计、建筑设计、工业概念设计等都是虚拟现实技术在工程的应用实例。

1. 虚拟现实技术在汽车制造业的广泛应用

近年来，虚拟现实技术在汽车制造业得到了广泛的应用，例如：美国通用汽车公司利用虚拟现实系统（Computer - Assisted Virtual Environment，CAVE）来体验置身于汽车之中的感受，其目的是减少或消除实体模型，缩短开发周期。目前，通用公司的 CAVE 已成为一个用来解决困难设计问题的焦点。CAVE 系统同样可用来进行车型设计，可以从不同的位置观看车内的景象，以确定仪器仪表的视线和外部视线的满意性和安全性。1997 年 5 月，福特公司宣布它已成为第一个着眼于"地球村"概念的采用计算机虚拟设计装配工艺的汽车厂商。"虚拟工厂"的使用已经使得福特公司的产品开发时间缩短、成本降低，并使设计的汽车更适合组装和维修，具有很高的质量。福特公司使用"虚拟工厂"的战略目标是减少生产中采用的 90% 的实体模型，这一目标的实现将为福特公司每年节省 2 亿美元。据估计，使用"虚拟工厂"将在推出一款新车的过程中减少 20% 因生产原因修改最初设计的事件。同时，福特公司正在尝试全新概念的发动机"虚拟样机"设计。英国航空实验室采用一个高分辨率头盔显示器、一个数据手套、一个三维系统音响和一台工作站为用户提供了一个由计算机生成的虚拟轿车客舱，设计人员能够精确研究轿车内部的人体工程学参数，并且在需要时可以修改虚拟部件的位置，进而可以在仿真系统中重新设计整个轿车内部。雷诺汽车公司采用了在"现实生活"的背景下加入"虚拟汽车"的方法来评估待开发的新车型。"City Fleet"就是虚拟与现实相结合的产物，它将计算机生成的虚拟汽车和实际拍摄的城市场景完美地结合在一起，以得到真实的感觉。因此不必制造物理原型就能够检测将要推向市场的汽车，检验造型与环境的匹配及适应性，这对缩短汽车新车型开发周期无疑将起到积极作用。

虚拟现实技术正渗入世界汽车工业各个领域。它不仅为汽车开发人员创造了更为自由的工作环境，而且从根本上动摇了一系列被视为经典的汽车开发理论和原则。世界级的汽车制造商试图在得到全球工作组的支持下，协调各地的并行工程小组和人员同时进行同一汽车产品的开发、设计评价、工艺修改和生产讨论，将轿车的开发周期缩短到两年甚至更短。

2. VR 技术在飞行仿真与飞机制造领域的应用

飞行仿真系统由四部分组成，即飞行员的操纵舱系统、显示外部图像的视觉系统、产生运动感的运动系统、计算和控制飞行运动的计算机系统。计算机系统是飞行仿真系统的中枢，用它来计算飞机的运动、控制仪表及指示灯、驾驶杆等信号。

视觉系统和运动系统与虚拟现实密切相关。其中，视觉系统向飞行员提供外界的视觉信息。该系统由产生视觉图像的"图像产生部"和将产生的信号提供给飞行员的"视觉显示部"组成。在图像产生部，随着计算机图形学的发展，现在使用名为 CGI（Computer Generated Imagery）的视觉产生装置。在 CGI 中利用纹理图形可以产生云彩、海面的波浪等效果。此外，利用图像映射可以从航空照片上将农田以及城市分离出来，并作为图像数据加以利用。视觉显示部向飞行员提供具有真实感的图像，图像的显示有无限远显示方式、广角方式、半球方式以及立体眼镜和头盔式显示器等方式。

作为飞行仿真系统的构成部分，运动系统向飞行员提供一种身体感觉，它使得驾驶舱整体产生运动，根据自由度以及驱动方式的不同，可以分为万向方式、互动型吊挂方式、互动型支撑方式以及互动型六自由度方式等。利用该运动系统，飞行员可以得到像实际飞行一样的运动感觉。

美国研发机构 T. Furness 小组开发了著名的 VCAS 系统，在此系统中，战斗机飞行员戴着立体头盔显示器，从中可以看到飞机窗外景象的图像，显示敌友识别信息、目标信息和危险信息以及最优的飞行路径信息。

美国训练和测试设备司令部主持开发研制了具有 TOPIT（Touched Objects Positioned In Time）技术的虚拟座舱系统，其中 TOPIT 技术是美国计算机图像系统公司研制，该系统于 1998 年获专利。

波音 777 双发动机喷气飞机是采用虚拟产品开发技术成功研制的世界上第一架"无纸客机"。即将面世的波音 797 喷气客机亦是基于 VR 技术研制成功的。

3. 虚拟实验

虚拟风洞：在科学研究中，人们总会面对大量的随机数据，为了从中得到有价值的规律和结论，需要对这些数据进行认真分析。例如，为了设计出阻力小的机翼，人们必须详细分析机翼的空气动力学特性。因此，人们发明了风洞实验方法，通过使用烟雾气体使得人们可以用肉眼直接观察到气体与机翼的作用情况，因而大大提高了人们对机翼的动力学特性的了解。虚拟风洞的目的是让工程师分析多旋涡的复杂三维性质和效果、空气循环区域、旋涡被破坏时的乱流等，而这些分析利用通常的数据仿真是很难可视化的。

虚拟物理实验室：在学习过程中，学生总有许许多多的疑问等待解答。虚拟物理实验室的设计使得学生通过亲身实践（做、看、听）来学习成为可能。使用该系统，学生们可以很容易地演示和控制力的大小、物体的弹性碰撞与非弹性碰撞、摩擦因数等物理现象。为了显示物体的运动轨迹，可以对不同大小和质量的运动物体进行轨迹追踪。还可以在演示过程中暂停，以便仔细观察变化的状态。学生可以通过使用数据手套与系统进行各种交互。

虚拟电力控制室：在现行的电力控制室的设计中，控制台以及显示器的设计一般是用与实物同等大小的模型。研究人员使用虚拟现实技术研制了一个辅助设计控制室的系统。使用该系统可以自由地改变控制室内的配色、照明、报警、显示器的画面构成，以及各种仪表的配置等室内环境。此外，用户还可以在室内移动，以便从不同方向观察室内情况。

1.3.2　医学应用

科学家们最近发明了一种 VR 装置，利用这种装置，他们可以将自己"缩小"，使原本微小的细胞看上去有足球场那么大。这种 VR 装置外形像一个头盔，可以戴在头上，它利用一个分辨率极高的显微镜获取数据，然后再对这些数据进行加工，传送到使用者的视野里，于是，科学家们就可以十分轻松地观察到试管里的研究对象。采用这种技术，科学家们可以更加方便地进行各种实验，他们甚至能够"感受"到显微镜下不同物体的组织结构。

目前，这种尖端的装置全世界只有四部，最为先进的一部在美国北卡罗来纳大学物理系。据曾经使用过这种装置的艾奥瓦州立大学教授艾里克-汉德森（Eric Henderson）称，"从纯技术的角度来说，这种装置简直太棒了！你感觉自己好像是在分子之间穿梭，染色体对你来说简直就像是长长的山脉一样。这种感觉太让人惊奇了！"

另有科学家表示，这种装置可以让他们真真切切地观察到全部的实验过程，而不只是一些实验片段，这对于科学研究来说无疑有着巨大的帮助。

芝加哥的伊利诺斯大学采用了虚拟现实技术分析神经系统的工作原理。项目主要包括电场可视化、大脑皮层仿真及普尔钦神经效应仿真。该项目推动了低成本虚拟现实系统作为可视化工具的研究。

最近，Glaro Group Research、York 大学及 Division 公司合作研究将虚拟现实应用于分子造型中。以弄清大分子的结构及其结构与功能间的关系。

1.3.3　远程教育

发展现代远程教育，是解决我国地域广阔、经济发展不平衡而导致的教育发展不平衡的好办法。我国对远程教育有极大的需求空间，国内的人民大学、清华大学开设的网络学堂以及国外名校公开课程的迅速发展就是很好的例子。远程教育系统的实现使得教与学都不再受地理位置的限制，实现了空间上的开放性。

现代远程教育是以计算机网络技术、卫星通信技术为基础，以多媒体技术为主要手段的一种新型教育模式。以学习者为中心，旨在使每一位学习者都能得到充分学习的机会。"以学习者为中心"是现代远程教育的指导思想，"使每一位学习者都得到充分发展"是现代远程教育的最终目的。

虚拟现实技术在远程教育中的应用主要在四个方面：

（1）知识学习　知识学习是指远程教育学生利用虚拟现实系统学习各种知识。虚拟现实系统可以再现实际生活中无法观察到的自然现象或事物的变化过程，为学生提供生动、逼真的感性学习材料，帮助学生解决学习中的知识难点。例如，向学生展示如原子核裂变、半导体导电机理等复杂的物理现象，供学生观察学习。另外，虚拟现实系统可以使抽象的概念、理论直观化、形象化，方便学生理解。例如，学习加速度概念时，通过虚拟演示，让学生观察当改变物体所受合力大小及方向时，加速度的变化情况，使学生加深对加速度概念的理解。

（2）探索学习　虚拟现实技术可以对学生学习过程中所提出的各种假设模型进行虚拟，通过虚拟系统便可直观地观察到这一假设所产生的结果或效果。例如，在虚拟的化学系统中，学生可以按照自己的假设，将不同的成分组合在一起，电脑便虚拟出组合的物质来。

（3）虚拟实验　利用虚拟现实技术，还可以建立各种虚拟实验室，如地理、物理、化学、生物实验室，在实验室里，学生可以自由地做各种实验。

（4）技能训练 虚拟现实的沉浸性和交互性，使学生能够在虚拟的学习环境中扮演一个角色，全身心地融入到学习环境中去，这非常有利于学生的技能训练。利用虚拟现实技术，可以做各种各样的职业技能训练，例如军事作战技能、外科手术技能、教学技能、体育技能、汽车驾驶技能、果树栽培技能、电器维修技能等。学生可以反复练习，直至掌握操作技能为止。

目前，尽管虚拟现实系统的硬件设备还比较昂贵，虚拟现实技术尚未普及，但是随着虚拟现实技术的不断发展和完善，以及硬件设备价格的不断降低，我们相信，虚拟现实技术作为一个新型的远程教育媒体，以其自身强大的优势和潜力，将会逐渐受到远程教育工作者的重视和青睐，最终在远程教育领域广泛应用，并发挥其重要作用。

1.3.4 军事应用

虚拟现实在军事上有着广泛的应用和特殊的价值。如新式武器的研制和装备、作战指挥模拟、武器的使用培训等都可以应用虚拟现实技术。虚拟现实技术已被探索用于评价当今的士兵怎样在无实际环境支持下掌握新武器的使用等。人们希望虚拟域最终将提供与真实域相当的所有的现实性，而且没有费用、组织、天气和时间等方面的明显缺陷。虚拟域是可重复的、交互的、三维的、精确的、可重配置的和可联网的，它将成为军事训练的重要工具。

步兵训练系统：美国陆军设在阿伯丁试验场的研究室开发了虚拟现实系统应用于步兵训练。Thomson - CSF 生产了训练坦克及装甲车人员的模拟器；尾舱导弹训练模型已由挪威的 TNO 物理及电子实验室研制出来了；佛罗里达州奥兰多的 NAWCTSD 设计生产的协同战术作战模拟器（TTES）引入了 Jack 人体模型。该模拟器可用于训练士兵与敌人交战时的反应能力。Jack 充当敌方人员，并向士兵扔石头和开火，士兵则在大屏幕投影前面与虚拟敌人进行交战。为满足美国国防部（DOD）的应用需求，位于加利福尼亚州的海军研究生院（NPS）进行了大规模虚拟环境（Large - Scale Virtual Environment，LSVE）的开发与应用研究。

各个国家在传统上习惯于通过举行实战演习来训练军事人员和士兵，但是这种实战演练，特别是大规模的军事演习，会耗费大量资金和军用物资，安全性差，而且还很难在实战演习条件下改变状态，来反复进行各种战场态势下的战术和决策研究。近年来，虚拟现实技术的应用，使得军事演习在概念上和方法上有了一个质的飞跃，即通过建立虚拟战场来检验和评估武器系统的性能。例如一种虚拟战场环境，它能够包括在地面行进的坦克和装甲车，在空中飞行的直升机、歼击机、导弹等多种武器平台，并分别属于红、蓝交战双方。作战仿真系统的主要研究目的是对飞机的飞行、火控、航空电子系统进行综合研究，同时研究多机协同空战战术。

1.3.5 生活文化娱乐——艺术也"撒谎"

2012 年春节联欢晚会上，一首《万物生》让人印象深刻。演员在表演时，其身前身后都有立体画面呈现，花朵从天空中飘落下来，落到演员的前面，飘落的花朵甚至还遮挡住了演员，就好似演员的前面有块透明显示屏，事实上，什么都没有。

虚拟现实 360°全景全息影像技术主要用来营造 3D 氛围，再配合升降机械组成的表演台型变化，利用电视镜头，延伸了舞台的纵深感和空间感，实现了以假乱真、亦真亦幻的多维立体效果。

全息影像技术，简言之，就是利用光的干涉和衍射原理，记录并且再现物体三维图像的技术。干涉可以用来记录物体的光波信息，衍射能够再现还原这些信息。该技术无须佩戴3D眼镜，观众便可以看到虚拟人物。该技术主要是利用全息立体投影设备将不同角度影像投影至全息投影膜上。

1.3.6　城市交通仿真

随着我国经济的飞速发展，车辆数量急剧增长，堵车成为人们驾车出行最头疼的事情之一。如何改善交通环境，提高道路通行能力，寻找最佳的交通控制和管理方法，是摆在城市交通管理部门面前的一个非常艰巨的任务，这时，虚拟现实技术就可以一展身手了。

传统的二维电子地图由于数据模型的限制，给用户提供的分析和查询功能始终局限于平面图形和数据表的显示与操作。但是在虚拟现实世界中，用户通过相应的感官设备，就感觉像是置身于真实的城市交通之中一样。您还可以通过计算机模拟现实城市交通现状，利用虚拟现实技术合理有效地改变城市交通布局，完善城市路网布局。行业专家还可以更真实直观地在三维空间内进行各种空间查询及分析。图1.5展示的就是利用虚拟现实技术对武汉市区的城市道路布局及交通状况进行的仿真，利用虚拟现实设备，驾驶员可以自由穿行于城市道路之中，体验真实的驾驶感。通过虚拟驾驶，不仅可以锻炼驾驶水平，还能对城市路网布局有切身的体验并提出优化意见。

如上所言，城市交通仿真系统可以使人们置身于一个具有真实感的三维城市交通场景之中，让人们以各种不同的方式观察各种场景，为最终建立有效的城市交通控制和管理提供合理的依据。同时，它还可以使人们和计算机进行交流，更加直观、透明地利用相应的感官设备进行操作，寻找最佳的城市交通控制和管理数据。另外，虚拟现实技术通过优化道路规划与设计，为驾驶者提供了宽松、舒适的驾驶环境，使驾驶者最大程度地减少了因道路和环境的错误诱导而发生的交通事故。除此之外，我们还可以驾驶虚拟车辆亲自体验虚拟城市交通的通行能力及各个交通路口的管理与控制情况，从而更好地优化道路设计。

图1.5　武汉城市道路交通仿真图

1.4　虚拟现实技术未来展望

虚拟现实目前在技术上仍处于探索阶段，20世纪90年代初有了较大的发展，如CAVE及分布式VR，但后来有一段时间发展相当缓慢，由于响应慢、真实感差，人们只是把它当作"玩具"或"演示"。但近些年来，随着互联网、图像绘制、增强现实等技术的快速进展，虚拟现实又迎来了巨大生机。

在欧美发达国家以及日本，虚拟现实技术已经有了近 30 年的研究及使用历史。该技术应用领域十分广泛，主要在航空、航天、航海的工程设计和模拟、军事模拟训练、计算机辅助设计、数据可视化、多媒体教育、医疗模拟、工业产品设计、网络游戏、娱乐等方面。

国内的虚拟技术也有 20 年左右的研究和应用。军工、航天方面最早引入该技术，近些年来，我们高兴地看到，虚拟技术已经开始被应用于越来越多的民用项目与民用行业。新的虚拟产业公司如雨后春笋般不断涌现，新的应用方向和市场也在被不断探索和开拓，经济效益不断提高，产值不断扩大。

我们无法预料虚拟现实技术将会给我们带来什么，但是我们非常确信它将会带来巨大的变革，这是一种趋势，必将发生。

1. 更加个性化

虚拟现实技术作为一种技术手段，类似于一种连接人与世界的媒介。以往传统的媒介，使大家在享受的同时也失去了自我。而虚拟现实技术作为一种新的媒介，当我们戴着数据手套与虚拟现实进行真正意义上的"交往"时，由于虚拟现实技术提供了良好的交互性，在与虚拟现实的这种形式的交往过程中，我们可以获得完全的自我，重新找到失去的个性。

2. 更加人性化

可以设想，依托智能技术的发展，人们最终可以摆脱程序化的管理方式，使自己的心力和智力在更大的空间里得到提升，创造乐趣才能满足全面发展的要求。

可以说，虚拟现实技术是人类进入高度文明社会前的必然。数字化时代，虚拟现实技术将越来越人性化。有一天，计算机和网络将不再是一堆单调和呆板的盒子，而是会说话、会根据人的语言、表情和手势做出反应的智能化器件。同计算机和网络打交道，将会如同和人打交道一样方便，对于普通大众而言，虚拟现实这一数字媒介将不再是神秘的、不可捉摸的事物，而是善解人意的精灵。它了解人对信息的特殊需求，在人需要它的时候，适时为人们送来信息。

3. 展望

虚拟现实技术是许多相关学科领域交叉、集成的产物。它的研究内容涉及人工智能、计算机科学、电子学、传感器技术、计算机图形学、智能控制、心理学等。我们必须清醒地认识到，虽然这个领域的技术潜力是巨大的，应用前景也是很广阔的，但仍存在着许多尚未解决的理论问题和尚未克服的技术障碍。

客观来说，目前虚拟现实技术所取得的成就，绝大部分还仅仅限于扩展了计算机的接口能力，仅仅是刚刚开始涉及人的感知系统和肌肉系统与计算机的结合作用问题，还根本未涉及"人在实践中得到的感觉信息是怎样在人的大脑中存储和加工处理成为人对客观世界的认识"这一重要过程。只有当真正开始涉及并找到对这些问题的技术实现途径时，人和信息处理系统间的隔阂才有可能被彻底克服。我们可以期待有朝一日，虚拟现实系统成为一种对多维信息处理的强大系统，成为人进行思维和创造的助手和对人们已有的概念进行深化和获取新概念的有力工具。

第 2 章 虚拟现实技术体系结构

2.1 虚拟现实技术与计算机仿真的关系

从虚拟现实的定义上看，虚拟现实与仿真很相似，它们都是对现实世界的模拟，但它们也有很大的区别。仿真是使用计算机软件来模拟和分析现实世界中系统的行为；虚拟现实是对现实世界的创建与体验。虚拟现实与仿真的本质区别体现在以下几方面。

（1）定性与定量　仿真的目标一般是得到某些性能参数，主要是对运动原理、力学原理等进行模拟，以获得仿真对象的定量反馈。因此，仿真环境对于其场景的真实程度要求不高，一般采用平面模型或简单的三维模型，不进行氛围渲染。虚拟现实系统则要求较高的真实感，以达到接近现实世界的感觉，如反映物体的表面粗糙度、光泽度、软硬程度等。虚拟环境建模复杂，并有质感、光照等要求。对于仿真而言，一般采用参数化绘图建立简单的模型，而对于虚拟环境，则可采用 Soft Image、3ds Max、Open Inventor 等建立复杂的模型。

（2）多感知性　所谓多感知性，就是说除了一般计算机所具有的视觉感知外，还有听觉感知、力觉感知、触觉感知、运动感知，甚至包括味觉感知、嗅觉感知等。理想的虚拟现实系统应该具有人所有的感知功能。而仿真一般只局限于视觉感知。

（3）沉浸感　仿真系统是以对话的方式进行交互的，用户输入参数，显示器上显示相应的运动情况，比较完善的仿真系统可以实时汇报各种参数，用户与计算机之间是一种对话关系。虚拟现实系统则要求沉浸感，用户能漫游虚拟世界，并能以与现实相似的方式与虚拟环境交互，例如，用户可以用手去直接抓取环境中的物体，这时手有握着东西的感觉，并可以感觉物体的重量，视场中的物体也随着手的移动而移动。用户与虚拟环境之间是相互融合的关系。

总之，虚拟现实系统与仿真系统的区别可以简单概括如下：

① 虚拟现实系统可视为更高层次的仿真系统。

② 当软件改变时，虚拟现实系统易于进行模型的重构和系统的复用。

③ 虚拟现实系统能在实时条件下工作，并且是交互的和自适应的。

④ 虚拟现实技术能够与人类的多种感知进行交互。

2.2 虚拟现实技术体系结构

2.2.1 人与现实环境的关系

人作为独立的个体，与现实世界的关系主要通过人的行为系统和感知系统来连接，如图 2.1 所示。感知系统包括方向、听觉、触觉、味觉、嗅觉、视觉六个子系统（见表 2.1）。行为系统包括姿势、方向、走动、饮食、行动、表达、语义七个子系统（见表 2.2）。

表 2.1　人类的感知系统组成及分析

感知系统	活动方式	感受单元	器官模拟	器官行为	刺激物	外部信息
方向	姿势及方向调整	机械及重力感受器	前庭	身体平衡	力	力的大小或方向
听觉	听	机械感受器	耳蜗	声音定位	空气振动	振动方向及性质
触觉	触摸	机械、热量及动觉感受器	皮肤、关节、肌肉及腱	各种探查活动	组织变形、关节配合及肌肉纤维紧张	物体表面黏性及冷热等各种状态
味觉	尝	化学及机械感受器	嘴	品尝	物体化学性质	营养及生化价值
嗅觉	嗅	化学感受器	鼻	以鼻吸气	气体化学性质	气味性质
视觉	看	光学感受器	眼睛	凝视、扫描等活动	光	大小、形状、纹理及运动等

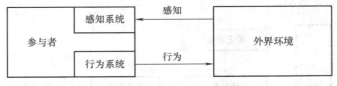

图 2.1　人与现实环境的关系

　　表 2.1 为 J. J. Gibson 总结的感知系统组成及分析，表 2.2 为人的行为系统组成及分析。这两个表有助于更好地分析虚拟现实系统的组成，设计更贴近真实的虚拟现实交互设备；同时，也便于更好地实现虚拟现实系统的开发。

表 2.2　人类的行为系统组成及分析

系　统	目　的	应　用	相关系统
姿势	适应重力及加速度	维持身体平衡	前庭器官
方向	通过部分身体运动获得外部刺激	考察或感觉各种信息	所有相关感觉
走动	通过身体运动进入其他环境	从一个位置走到另一个位置	定向及调整姿势
饮食	通过部分身体运动获取或给予	吸收或排除	品尝/吸收及其他身体功能
行动	有利于个人的行为	操作、自我保护等	走动及相关行为
表达	用于表达、表明或识别	姿势、面部或语言表达	语言表达、聆听及面部表情
语义	用信号通知或表达	语言表达	基于信号的相关系统

2.2.2　人与虚拟现实系统的关系

　　虚拟现实是一种可以创建和体验虚拟世界的计算机系统，它利用计算机技术生成一个逼真的，具有视觉、听觉、触觉等多感知的虚拟环境，用户通过使用各种交互设备，身临其境地同虚拟环境进行互动。

通过人与真实世界的关系，映射出了人与虚拟现实系统的关系，如图2.2所示。人的行为通过传感器作用于虚拟现实系统，同时虚拟现实系统的反馈信息又会作用于人的感知系统。理想的虚拟现实系统不仅需要更逼真的虚拟环境，同时需要考虑人的因素，如人类已有的经验、人与环境的关系和体验感以及人的感官灵敏度、心理反应引起的情绪响应等。

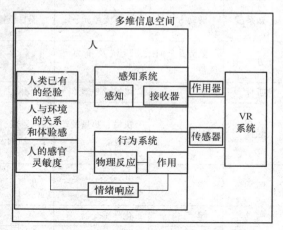

图2.2　人与虚拟现实系统的关系

2.2.3　虚拟现实系统的组成结构

虚拟现实系统给用户营造的是一个100%的虚拟世界，用户使用VR设备探索人为建立的虚拟世界，追求沉浸感及良好的体验。因此，建立一个完善的虚拟现实系统应包含输入设备、计算机以及输出设备，同时，计算机系统中要有应用软件系统及数据库构成的虚拟环境，如图2.3所示。

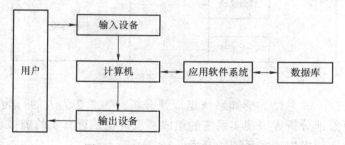

图2.3　虚拟现实系统的组成结构

输入设备：用户与虚拟现实系统的输入接口，其功能是检测用户的输入信号，并作用于虚拟环境。输入设备一般是力反馈器数据手套、头盔显示器上的传感器，用于感应手的动作、手和头部的位置的装置；对于桌面虚拟现实系统而言，输入设备一般是指键盘、鼠标、传声器等。

计算机：又称为高性能计算机处理系统，具有高处理速度、大存储容量、强联网特性。计算机处理系统作为虚拟现实系统的重要载体，生成由各种应用软件及数据库构成的虚拟环境，是虚拟现实系统的控制中心，可处理来自输入设备的各种信息并反馈给输出设备。

输出设备：用户与虚拟现实系统的输出接口，其功能是将操作后产生的结果反馈给输出设备，如力反馈器、头盔显示器、耳机等，实时渲染触觉效果、视觉效果和声音效果。

虚拟环境：体现了虚拟现实所具备功能的一种计算机环境，是各种CAD软件进行调用和互联的集成环境。虚拟环境必须具备与用户交互、实时反映所交互的影像、用户有自主性三个条件。

数据库：又称为虚拟世界数据库，主要包括虚拟环境中对象的描述、对象的运动、对象的行为以及对象碰撞作用等性质的描述库。

应用软件系统：虚拟环境的创建过程需要有各种应用软件做支撑。主要包含以下几类。

1）语言类——如 VRML、Java3D 软件以及 OpenGL、OpenGVS、OSG、D3D 等图形开发包。

2）建模软件类——如 AutoCAD、Solidworks、UG、CATIA、3ds Max 等。

3）图形处理软件——如 Adobe Photoshop、Paint Shop、PhotoImpact 等。

4）虚拟现实建模软件——帮助用户建立虚拟环境的通用和基本的软件，可以使用户显著地加快虚拟现实系统的开发进程，如 Unity3D、MultiGen、VirTools、Vega 等。

2.3　虚拟现实系统的分类

自 1965 年 Ivan Sutherland 提出虚拟现实的概念以来，VR 技术始终是与 CAD、3D 图形和模拟同步发展的。随着实体建模、数据结构及隐藏面的消除等研究趋于成熟，在 VR 中产生了使图形的反馈速度加快的方法。到了 20 世纪 80 年代出现了交互式手套控制和商品化的头盔显示的 VR 系统。根据对虚拟环境的不同要求和使用目的或者应用对象的不同，虚拟现实系统可分为四类：沉浸式、非沉浸式、增强式和分布式，如图 2.4 所示。

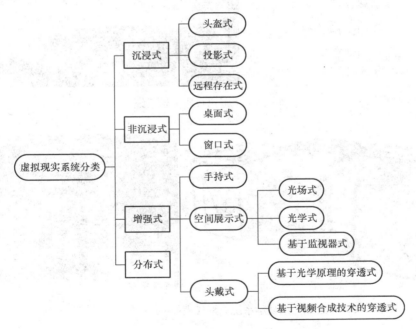

图 2.4　虚拟现实系统分类

2.3.1　沉浸式虚拟现实系统

沉浸式虚拟现实系统又称为佩戴型虚拟现实系统，是用封闭的视景和音响系统将用户的视听觉与外界隔离，使用户完全置于计算机生成的环境之中，计算机通过用户戴的数据手套和跟踪器可以测试用户的运动和姿态，并将测得的数据反馈到生成的视景中，产生人在其中的效果。有时，沉浸式虚拟现实系统还提供触觉功能。佩戴型系统可以使参与者产生身临其境的沉浸感。但因投资成本太高，使得一般的企业望而却步，限制了虚拟现实技术的应用范围。沉浸式虚拟现实系统主要包括：①基于头盔式显示器的系统；②投影式虚拟现实系统；③远程存在系统（遥在系统）。

投影式虚拟现实系统是利用大规模投影显示设备让用户完全或部分融入虚拟环境，根据虚拟三维投影显示系统的投影通道数量和投影显示幅面的大小分类，虚拟三维投影显示系统可分为单通道虚拟三维投影显示系统、双通道三维投影显示系统、多通道虚拟三维投影显示系统等。在所有的虚拟三维投影显示系统中，多通道虚拟三维投影显示系统是目前较受欢迎的一种投影显示系统，根据环形幕半径的大小，通常有120°、135°、180°、240°、270°、360°几种。图2.5、图2.6所示分别为三通道投影显示系统及CAVE沉浸式显示系统的典型布置。

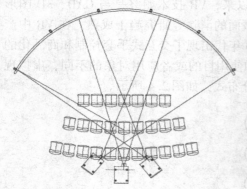

图2.5　三通道投影显示系统

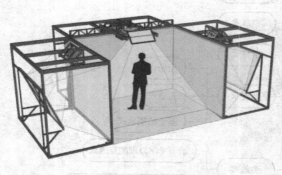

图2.6　多通道三维显示系统典型代表——CAVE沉浸式显示系统

远程存在系统（遥在系统）是利用计算机图形、人机交互、传感器、网络通信等技术，远程传感器及小型摄像系统可安装在机器人身上，用户与远程对象进行信息双向交流，将现实世界中远程场景与操作人员的感官直接连通，让用户感觉就像亲临现场一样。

2.3.2　非沉浸式虚拟现实系统

非沉浸式虚拟现实系统又称为桌面虚拟现实系统或非佩戴型虚拟现实系统，其视景是通过计算机屏幕、投影屏幕或室内的实际景物加上部分计算机生成的环境来提供给用户的；音响是由安放在桌面上的或室内音响系统提供的。这种系统又称为"窗口虚拟现实系统"（through – the – windows VR system）或者"桌面虚拟现实系统"（Desk – top VR System）。汽车模拟器、飞机模拟器、电子会议等都属于非沉浸式虚拟现实系统。非沉浸式虚拟现实系统的优点是用户比较自由，不需要戴头盔和耳机，不需要戴数据手套和跟踪器，可以同时允许多个用户进入系统，对用户数的限制小，投资成本低。但非沉浸式虚拟现实系统不容易解决双目视觉竞争问题，较难构成用户沉浸于其中的环境。图 2.7 所示为典型的桌面式虚拟现实系统实例。

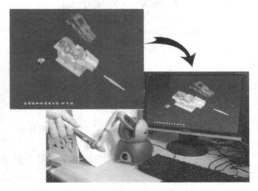

图 2.7　桌面式虚拟现实系统实例

2.3.3　增强虚拟现实（AR）系统

　　AR 技术不仅展现了真实世界的信息，而且将虚拟的信息同时显示出来，两种信息相互补充、叠加。在视觉化的 AR 中，用户利用头盔显示器，把真实世界与计算机显示图形多重合成在一起，便可以看到真实的世界围绕着它。

　　AR 的呈现形式按与眼睛距离由近到远分别为手持式（hand – held）、空间展示（spatial）、头戴式（head – attached）。

　　（1）手持式　用手机或其他移动终端的摄像头获取现实世界的图像，并在移动终端的现实世界图片、视频中叠加虚拟信息。基于手机端的 AR 游戏、大量的 AR 卡均采取这种形式。

　　（2）空间展示　包括用显示器展示 AR 或以其他形式呈现 AR 信息，如体育比赛、演唱会、商业展览、游乐园、博物馆等通过 AR 技术进行公共的虚拟形象展示，根据展示形式不同，可分为以下三类。

　　1）光场式：这种显示技术不需要屏幕作载体，通过光场呈现物体全方位深度的图像，实现用户观察近景或远景，均可以实现不同景深的切换。

　　2）光学式：用户通过眼前的透镜看到真实世界，而计算机生成的虚拟信息则通过一系列的光学系统投射到人眼中，实现在真实世界的光源下叠加虚拟信息的效果。

　　3）基于显示器（Monitor – Based）

　　基于计算机显示器的 AR 实现方案中，摄像机摄取真实世界图像输入计算机，与计算机图形系统产生的虚拟景象合成，并输出到显示器，图 2.8 所示为其原理图。

　　（3）头戴式　头戴式 AR 系统又称为基于头盔式显示器（HMD）AR 系统。头盔式显示器广泛用于虚拟现实系统，用以增强用户视觉沉浸感。AR 也采用类似的显示技术，在 AR 系统中广泛应用穿透式 HMD。其实现原理划分为两大类：① 基于光学原理的穿透式 HMD（Optical See – through HMD）；②基于视频合成技术的穿透式 HMD（Video See – through HMD）。原理如图 2.9、图 2.10 所示。

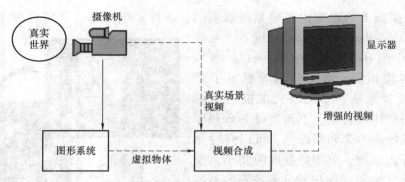

图 2.8 基于显示器的增强现实显示原理

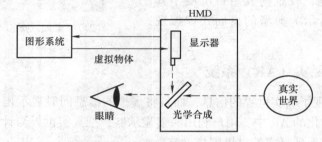

图 2.9 基于光学原理的穿透式 HMD 显示原理

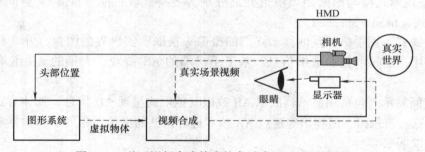

图 2.10 基于视频合成技术的穿透式 HMD 显示原理

2.4 虚拟设计/制造系统的体系结构

2.4.1 虚拟设计的特点

　　虚拟设计是指设计者在虚拟环境中进行设计。设计者可以在虚拟环境中用交互手段对在计算机内建立的模型进行修改。一个虚拟设计系统具备三个功能：3D 用户界面；选择参数；数据表达与双向数据传输。

　　就"设计"而言，所有的设计工作都是围绕虚拟原型展开的，只要虚拟原型能达到设计要求，则实际产品必定能达到设计要求。而传统设计方法中，所有的设计工作都是针对物理原型（或概念模型）而展开的。

　　就"虚拟"而言，设计者可随时交互，实时、可视化地对原型在沉浸或非沉浸环境中进行反复改进，并能马上看到修改结果。传统设计方法中，设计者是面向图样的，是在图样上用线条、线框勾勒出设计概念。

2.4.2　虚拟设计/制造的优点

虚拟设计具有以下优点：

1）虚拟设计继承了虚拟现实技术的所有特点（3I）。

2）继承了传统 CAD 设计的优点，便于利用原有成果。

3）具备仿真技术的可视化特点，便于改进和修正原有设计。

4）支持协同工作和异地设计，利于资源共享和优势互补，从而缩短产品开发周期。

5）便于采用和补充各种先进技术，保持技术上的领先优势。

传统的制造需要从设计—试制—评价—制造反复循环，需要反复制造与试验物理样机，从试制阶段起就需要投入大量原料、人员、厂房、设备，周期长、成本高、效率低、风险大。

虚拟制造的设计—加工—装配—评价阶段都可以在虚拟环境下进行，即所谓"数字样机"的反复设计—加工—装配—评价，得到和传输的是数据信息，在实际制造阶段才需要投入原料、人员、厂房、设备，周期短、成本低、效率高、风险小，可以迅速对市场的需求做出反应。

2.4.3　虚拟设计与传统 CAD 系统的区别

1）传统 CAD 技术往往重在交互，设计阶段可视化程度不高，到原型生产出来后才暴露出问题。

2）传统 CAD 技术无法利用除视觉以外的其他感知功能。

3）传统 CAD 技术无法进行深层次的设计，如可装配性分析和干涉检验等。

2.4.4　理想的虚拟设计系统的结构

理想的虚拟设计系统的结构如图 2.11 所示。下方的方框中包括 CAD/CAM 系统、DFx 软件、PDM 软件、专家系统、智能设计系统、有限元分析软件等比较成熟的部分。虚拟现实部分由数据源、数据接口、核心层、虚拟现实应用层、Client/Server 层或者 Browser/Server 层组成，通过网络与客户取得联系，开展协同工作。

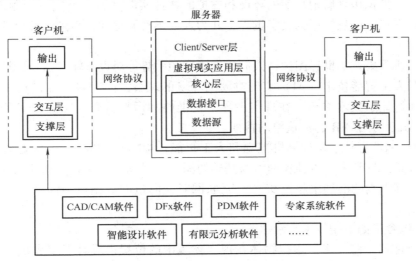

图 2.11　理想的虚拟设计系统的结构

2.5　VR 进阶：增强虚拟现实（AR）

谈到喜马拉雅山脉，你是否希望珠穆朗玛峰能即时显现在眼前，除了 360°无障碍的视觉体验之外，还可以了解关于山峰的数据、风土人情以及攀登珠峰的视频。

虚拟现实技术 VR 是在现实中创造一个虚拟的世界，而增强现实技术 AR 则是将虚拟融入于现实之中。神奇的 AR 技术正在越来越多地改变我们的生活，让人们不再相信"眼见为实"这句话。AR 技术的出现将会深深改变医疗、游戏和教育等行业。

2.5.1　AR 的概念

AR 是借助计算机视觉技术和人工智能技术产生物理世界中不存在的虚拟对象，并将虚拟对象准确"放置"在现实世界中。通过更自然的交互，呈现给用户一个感知效果更丰富的新环境，为用户所看到的真实环境增加计算机生成的包括文字、图表、影像、声音、触觉反馈、GPS 数据，甚至气味的信息，实现对物理现实的信息扩展。AR 技术不仅是一个简单的显示技术，它也是人机互动、人与物体互动的一种新形式。

AR 技术可广泛应用于多个领域。AR 技术的本质之一是融合了虚与实两个平行的世界，模糊了线下线上的界限。

AR 即在真实信息基础上叠加虚拟信息，加入了在一般情况下不同于人类可以感知的信息，提升用户对世界的感知能力。

AR 的终极目标是用户感觉不到现实世界中的真实物体与用于增强视觉信息的虚拟物体之间的差别。

2.5.2　AR 的技术原理

AR 是一种将真实世界信息和虚拟世界信息"无缝"集成的新技术，将原本在现实环境下一定时间、空间范围内很难体验到的实体信息，如视觉、听觉、触觉、嗅觉、味觉等，通过计算机技术，模拟仿真后把真实的环境和虚拟的物体实时地叠加到同一个画面或空间中，交融共存，将虚拟的信息应用到真实世界，并为人类感官所感知，得到一种超越现实的感官体验。

通过摄像机采集真实世界图像，人们通过语音和手势等对设备输入指令，计算机利用视觉捕捉技术和人工智能技术（AI）实现对周围环境的理解，同时对交互进行识别，经渲染引擎处理，通过显示技术输出，在现实世界中精准叠加虚拟信息，实现虚实融合、自然交互。这也是 AR 区别于 VR 的最重要的特征。

AR 的底层和核心技术是计算机视觉和人工智能，AR 可以视为人工智能的一个可视化呈现和交互方式。近年来，以神经网络为基础的深度学习算法在计算机视觉识别领域取得了突破性进展，其识别的准确率超过 95%。互联网时代海量的数据也为深度学习算法的训练提供了数据基础。

AR 技术包含了如下新技术与新手段：

（1）三维注册跟踪技术　虚拟物体在现实环境中的位置由设计者事先决定，只要获得了观察者的位置和姿态，即可根据观察者的实时视角重建坐标系，计算出虚拟物体的显示姿态，实现交互对象的虚实融合。实现方法分为三种：基于传感器的注册、基于视觉的注册和混合注册。

（2）显示设备 显示设备可以让用户便捷地观察到虚实融合的场景。在增强现实 AR 中，因为场景的主体是虚拟的，其方位可由系统唯一确定，可使用传统显示设备呈现虚实融合场景。而在 AR 中，场景是用户直接观察到的现实世界，采用头戴式显示设备（HMD）、手持式显示设备和投影式显示设备来实现。

（3）手势识别技术 MR（混合现实）中的人机交互使用户能够尽可能自然高效地与虚实混合的内容进行交互，手势识别技术可以让用户用手来操作 MR 环境中的物体，其中，输入设备分为基于传感器和基于计算机视觉两种。手势姿态可分为静态手势和动态手势。

（4）3D 交互技术 3DUI（3D 用户界面）能够十分自然地用于 MR 场景。基于 3D 交互技术的用户使用 3D 输入手段操作 3D 对象及内容，并得到 3D 视觉、听觉等多通道反馈。

（5）语音和声音交互技术 语音和声音正在快速地融入日常生活的计算环境中，语音输入逐渐成为一种主要的控制应用和用户界面，分为非语音（声音）交互技术和语音交互技术两类。

（6）其他交互技术

1）触觉反馈技术：触觉（haptic）反馈技术能产生力学信号，通过人类的动觉和触觉通道向用户反馈信息。从"触觉"字面看，这项技术提供给用户通过触摸的方式感知实际或虚拟的力学信号，实际上触觉反馈技术包括体位、运动、重量等动觉通道的力学信号。

2）眼动跟踪技术：眼睛注视的方向能够体现出用户感兴趣的区域及用户的心理和生理状态。通过眼睛注视进行交互是最快速的人机交互方式之一。眼动跟踪技术包括基于视频和非基于视频两种。

3）笔交互技术：笔交互是一种自然的交互方式和多样化的交互通道（笔迹、压力、笔身姿态等），能够为 MR 应用提供重要支持。

4）生理计算技术：生理计算是建立人类生理信息和计算机系统之间的接口的技术，包括脑机接口（BCI）、肌机接口（MuCI）等。对采集的人体脑电、心电、肌肉电、血氧饱和度、皮肤阻抗、呼吸频率等生理信息进行分析处理，识别人类交互意图和生理状态。

2.5.3 增强现实的应用领域

AR 技术不仅在与 VR 技术相类似的领域（如尖端武器、飞行器研发、数据模型可视化、虚拟训练、娱乐与艺术等）广泛应用，而且因其具有对真实环境进行增强显示输出的特性，在医疗研究与解剖训练、精密仪器制造与维修、军用飞机导航、工程设计和远程机器人控制等领域的优势比 VR 技术更加明显。虚实融合的特点和更强的工具属性给 AR 技术带来了十分广阔的应用前景。

（1）医疗领域 医生可以利用 AR 技术进行手术部位的精确定位，也可以佩戴 AR 智能眼镜进行第一视角的手术直播或者辅助教学等。如，外科医师用头盔看到从另外来源得到的 3D 虚拟图像，同时观察他面前病人患病部位的实际图像，进行比对、判断。

（2）军事领域 部队可以利用 AR 技术进行方位的识别，实时获得所在地点的地理数据等重要军事数据。例如，战斗机驾驶员使用的头盔可让驾驶员同时看到外面世界及重要数据的合成图形。额外的图形可在驾驶员对机外地形视图上叠加地形数据，或许是高亮度的目标、边界或战略陆标（Landmark）。补充现实系统的效果显然在很大程度上依赖于对使用者及视线方向的、精确的三维跟踪。

（3）文物古迹复原和数字化文化遗产保护 文物古迹的信息以 AR 的方式提供给参观者，用户不仅可以通过 HMD 看到文物古迹的文字解说，还能看到遗址上残缺部分的虚拟重构。

（4）工业维修领域 通过头盔式显示器将多种辅助信息（如虚拟仪表的面板、被维修设备的内部结构、被维修设备的零件图等）显示给用户。

（5）网络视频通信领域 使用 AR 技术和人脸跟踪技术，在通话者的面部实时叠加诸如帽子、眼镜等虚拟物体，提高视频对话的趣味性。

（6）电视转播领域 通过 AR 技术在转播体育比赛时将辅助信息实时叠加到画面中，使观众获得更多的信息。

（7）娱乐、游戏领域 AR 游戏可让位于全球不同地点的玩家，共同进入一个虚拟的自然场景，以虚拟替身的形式，进行网络对战。

（8）旅游、展览领域 人们在浏览、参观的同时，通过 AR 技术可接收到途经建筑的相关资料，观看其相关数据资料。

（9）市政建设规划 采用 AR 技术将规划效果添加到真实场景中，直接获得规划的效果。

（10）教育领域 可以利用 AR 技术将二维图像三维化，并在其上面叠加一些信息，有效提高学习效果。

军事、安防、工业维修等领域，可以使用 AR 技术进行远程的专家指导。商场可以利用 AR 技术进行立体营销，在旅游中，还可以与 LBS（Location Based Service，基于位置服务）的地理信息定位结合，达到线上线下信息的融合。

AR 技术在航空、航天、高铁、海洋工程、医疗、物流、电子商务等诸多领域会得到广泛的具有创新性的推广应用。未来还可能延伸到社交领域。

2.6 VR 进阶：混合现实（MR）

MR（Mixed Reality）是一种使真实世界和虚拟物体在同一视觉空间中显示和交互的计算机虚拟现实技术。

AR 和 MR 的区别如图 2.12 所示。

AR 的视界中，出现的虚拟场景通常都是一些二维平面信息，这些信息会固定在那里，无论用户看哪个方向，该信息都会显示在视野中固定的位置上，虚拟与现实信息很容易区分。

MR 则是将虚拟场景和现实融合在一起，只有用户看向那个方向的时候，才会看到这些虚拟场景，看向其他方向的时候就会有其他的信息显示出来，而且这些信息和背景的融合性更强，虚拟与现实不易区分。

在 MR 中，虚拟信息不一定作为辅助元素存在，也可以是主体。要使 MR 应用更好地被用户接受，必须利用人因工程学、心理学和认知科学研究的实验结果帮助和指导 MR 应用的

图 2.12　AR 和 MR 的区别

设计，从用户对视觉、听觉、触觉、时间感知、噪声、方位等导致认知偏差的问题，来改进 MR 技术。

MR 技术更有想象空间，它将物理世界实时且彻底地数字化，同时包含了 VR 和 AR 设备的功能。MR 建立的是一个混沌的世界，如数字模拟技术（显示、声音、触觉）等，用户根本感受不到虚拟世界与现实世界之间的差异。用户可以在相应的环境里进行摩托车设计，现实世界中可能真的有一些组件在那里，也可能没有。戴着它在客厅玩游戏，客厅就是游戏的场景，同时又有一些虚拟的元素融入进来。

2.7　未来的机遇

VR 的主战场是"虚拟世界"，给用户营造一个 100% 的虚拟世界。用户使用 VR 设备探索人为建立的虚拟世界，追求沉浸感。AR 的主战场则是"现实世界"，以现实世界的实体为主体，借助数字技术帮助用户更好地探索现实世界并与之交互。用户使用 AR 设备产生的虚拟信息提升探索现实世界的能力。学术界将 VR 视为下一代 PC 平台，而将 AR 视为下一代移动计算平台。VR 与 AR 正在改变人类的思想与行为。

（1）VR 和 AR 将迎来更多的"创造性"　在技术的发展对人产生深层次影响的方面，VR 有着隐形的、强大的力量，正在改变人们的认知，改变人们与自己（的大脑）对话的方式，改变人类的思想与行为。

（2）更加自然的社交互动　在现有的 VR/AR 环境中，人们虽然已经可以见面、微笑，但是还不能握手和拥抱。当前的计算机算法，还不能让 VR/AR 环境中人们的"虚拟自我"拥有与真人完全相同的反应。VR/AR 技术的发展，需要其他门类技术的支持，如更智能化的人工智能（AI）的发展非常重要。有了 AI 的支持，VR/AR 环境中的人才能"人性化"起来。

（3）更多的"魔窗（Magic Window）"机遇　一些沉浸于其中的用户可能愿意付费来获得更多的拓展内容，或者是购买他们喜欢的体验，相关公司终会支持这样的交易，并从中创收获益。

坐落在美国硅谷中心斯坦福大学校园里的斯坦福虚拟现实与人类交互（VHIL）实验室并不研发新技术，而是着重研究 VR/AR/MR 技术对于人的思想和行为带来的改变，成立 15 年来一直在研究 VR/AR/MR 技术会不会改变人的思想与行为？如果会，将如何改变？为科技发展对于人类社会的影响"把脉"。

第 3 章　虚拟现实硬件基础

交互性、沉浸性和构想性始终是虚拟现实系统追求的目标。和谐的人机环境是一个多维化的信息空间，需要通过视、听、触、嗅觉，形体、手势或口令，参与到信息处理的环境中，使人获得身临其境的体验。人是多维信息空间和人机和谐仿真环境的主体，计算机围着人转，人的感觉器官对应着各种不同的接口设备，常见对应关系见表 3.1。

表 3.1　人的感觉器官对应的各种接口设备

人的感官	说　明	接 口 设 备
视觉	感觉各种可见光	显示器或投影仪
听觉	感觉声波	耳机、扬声器等
嗅觉	感知空气中的化学成分	气味放大传感装置
味觉	感知液体中的化学成分	味道放大传感装置
触觉	皮肤感知温度、压力等	触觉传感器
力觉	肌肉等感知的力度	力觉传感器
身体感觉	感知肌体或身躯的位置与角度	数据仪
前庭感觉	平衡感知	动平台

要开发一个虚拟现实应用系统，对硬件系统有一定了解是非常有必要的。本章以常用的人机接口设备为主题，分别从跟踪定位设备、立体显示设备、手部数据交互设备、虚拟声音输出设备、其他交互设备以及其集成等方面做了详细介绍，如图 3.1 所示。

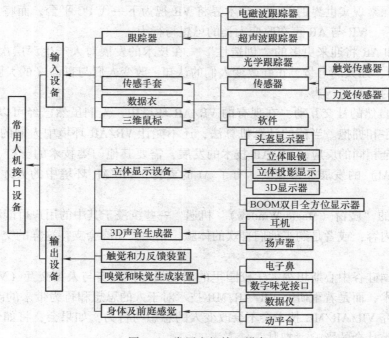

图 3.1　常用人机接口设备

3.1　虚拟现实建模设备

虚拟现实技术是在虚拟的数字空间中模拟真实世界中的事物,所以一个好的虚拟现实环境的构建离不开良好的建模技术。按照建模方式的不同,现有的建模技术主要可以分为几何造型、扫描法、基于图像等几种方法。

基于几何造型的建模技术需要专业的设计人员掌握相关三维软件,创建出物体的三维模型,对设计人员要求高,而且效率不高。

基于图像的三维建模技术,则可以根据物体不同的方位,从不同的视角来拍摄数码照片,然后依据数码相机的内外部参数来确定物体的特征点的空间方位。

扫描法采用三维扫描仪来完成,因其精度高而受到广泛应用,但容易受到空间、地点等因素的限制,而且还需要进行一些后期的专业处理。

3.1.1　三维激光扫描仪

三维扫描仪的功能是通过扫描真实模型的外观特征,构造出该物体对应的计算机模型,通常分为激光式、光学式、机械式三种类型。

三维激光扫描仪应用最为广泛,其数据处理的过程一般包括数据采集、数据预处理、几何模型重建和模型可视化四个步骤。

三维激光扫描仪是融光、机、电和计算机技术于一体的高新科技产品,主要用于获取物体外表面的三维坐标及物体的三维数字化模型,如图 3.2 所示。该设备不但可用于产品的逆向工程、快速原型制造、三维检测(机器视觉测量)等领域,而且随着三维扫描技术的不断深入发展,三维影视动画、数字化展览馆、服装量身定制、计算机虚拟现实仿真与可视化等越来越多的行业,也开始应用三维扫描仪这一便捷的手段来创建实物的数字化模型。通过三维扫描仪非接触扫描实物模型,得到实物表面精确的三维点云(Point Cloud)数据,最终生成实物的数字模型,不仅速度快,而且精度高,几乎可以完美地复制现实世界中的任何物体,以数字化的形式逼真地重现现实世界。

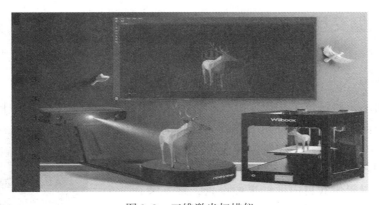

图 3.2　三维激光扫描仪

三维激光扫描仪的建模流程如下:进行三维扫描→获得点云数据→点云数据优化→生成面模型→贴图处理。

3.1.2　立体拍摄设备

随着科技的不断发展与进步，拍摄设备也逐步进步，很多先进拍摄设备应运而生。当下最先进的摄影技术为全景拍摄技术。全景是把相机旋转 360° 全景拍摄的一组或多组照片拼接成全景图，图 3.3、图 3.4 分别为全景相机及其原理示意图。

图 3.3　全景相机

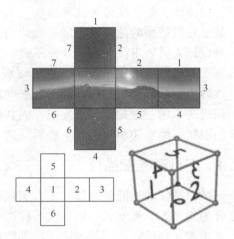

图 3.4　全景相机原理示意

全景虚拟现实是基于全景图的真实场景虚拟现实技术，通过计算机技术实现全方位互动式观看真实场景的还原全景展示。在播放插件（Java 或 Quicktime、activex、flash）的支持下，使用鼠标控制环视的方向，可左可右，可近可远。使观众感到处在现场环境当中，好像在一个窗口中浏览外面的大好风光。

随着网络技术的发展，全景虚拟现实的优越性更加突出，让人们在网上能够进行 360° 全景观察，而且通过交互操作，可以实现自由浏览，从而体验三维的 VR 全景视觉世界。VR360 全景技术就是通过实地拍摄，将真实场景进行虚拟再现的一种新兴技术，更能接近现场真实的环境，使人产生身临其境的视觉感受。

3.2　手部数据交互设备

3.2.1　轨迹球

如图 3.5 所示，轨迹球是用以操纵显示屏上光标移动的设备。包含用手自由推动的球和两个对应于 x 方向及 y 方向的轴角编码器。球转动时送出相应的 x 方向与 y 方向的编码，控制屏幕上的光标随球的移动方向移动，如图 3.6 所示，多用于图形的输入设备。

轨迹球是可以提供 6 自由度的桌面设备，被安装在一个小型的固定平台上，可以扭转、挤压、按下、拉出和来回摇摆。

SpaceBall 5000 可以更有效和平衡的方式来工作。通过

图 3.5　SpaceBall 5000

一只手中的控制器进行平移、缩放、旋转模型、场景、相机的同时，另一只手可以用鼠标进行选择、检查、编辑。

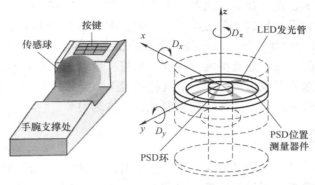

图 3.6　轨迹球工作原理

3.2.2　数据手套（Data Glove）

数据手套是一种戴在用户手上的传感装置，如图 3.7 所示，用于检测用户手部活动，并向计算机发送相应电信号，从而驱动虚拟手模仿真实手的动作。

最早的数据手套是由 VPL 公司开发的，叫作 Data Glove。全世界有很多研究机构和公司在使用 Data Glove，从建筑漫游到分子处理，应用非常广泛。数据手套看起来简单，制作技术却相当复杂。数据手套由很轻的弹性材料构成，紧贴在手上。这个系统包括位置、方向传感器和沿每个手指背部安装的一组有保护套的光纤，它们检测手指和手的运动。

图 3.7　CyberGlove 数据手套

3.3　跟踪定位设备

为了能及时准确地获取人的动作信息，检测有关对象的位置和朝向，并将信息报告给 VR 系统，就需要使用各类高精度、高可靠性的跟踪定位设备。这种实时跟踪以及交互装置主要依赖于跟踪定位技术，它是 VR 系统实现人机之间沟通的主要通信手段，是实时处理的关键技术。

跟踪定位的原理是由固定发射器发射出信号，该信号被附在用户头部或身上的机动传感器捕获，传感器接收到这些信号后进行解码并送入计算部件处理，最后确定发射器与接收器之间的相对位置，如图 3.8 所示，数据随后传输到时间运行系统，进而传给三维图形环境处理系统。

图 3.8　跟踪定位设备定位原理

用于跟踪用户当前方位的传感器，一般具有以下特点：①大多数具有6个自由度（位置和方向各3个自由度）；②佩戴于用户身体的某些部位可对相应部位进行跟踪；③一般采用电磁技术、超声技术、光学技术，也有基于惯性的和纯机械方式的。在早期，人们主要采用机械方式测量对象的平移参数和旋转参数，当今，非接触3D跟踪技术已经代替了机械测量。3D非接触跟踪技术包括磁场、超声波、雷达或摄像机等。

衡量跟踪器性能的主要参数有精度、抖动、偏差、延迟、更新率等。劣质的跟踪器，其定位误差较大，会使跟踪对象出现在不该出现的位置上，导致体验与经验相违背，给用户造成一种类似于运动病的症状，如眩晕、视觉混乱、身体乏力等。

3.3.1　电磁波跟踪器

电磁波跟踪器是一种较为常见的空间跟踪定位器，一般由一个控制部件、几个发射器和几个接收器组成。此类跟踪器利用小型天线发出的电磁波，由多个接收天线接收信号并通过计算得到三维的位置坐标和方向，工作原理如图3.9所示。

电磁波跟踪器按电源类型又可分为交流电磁跟踪器和直流电磁跟踪器两类。

（1）交流电磁跟踪器　交流电磁跟踪器由发射器、接收器和计算模块组成。发射器一般由三个磁场方向相互垂直的双极磁源构成，接收器由三套分别测量三个磁源对应的方位矢量的线圈构成。由于接收器所测得的三个矢量包含了足够的信息，因而可以计算出接收器相对于发射器的方位。

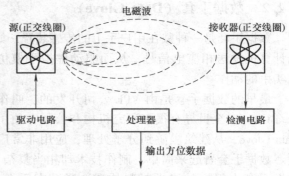

图3.9　电磁波跟踪器工作原理

接收器通常被连接到放大电路和模数转换电路。在那里，信号被放大并被解调，然后由12位的模数转换器将其数字化。

（2）直流电磁跟踪器　交流电磁跟踪系统的接收器通常体积小，适合安装在头盔显示器上，但这种跟踪器最致命的缺点是易受环境电磁干扰。发射器产生的交流磁场对附近的导体特别是铁磁性物质非常敏感，交变磁场在铁磁性物质中产生涡流，从而产生二级交变磁场，使得由交流励磁源产生的磁场模式发生畸变，这种畸变会带来很大的测量误差。

直流电磁跟踪器最大的优点是只在测量周期开始时产生涡流，一旦磁场达到稳态，就不再产生涡流。只要在涡流衰减后进行测量就可以避免涡流效应，从而可以减小畸变涡流场产生的测量误差。

同交流电磁跟踪器的构成相似，直流电磁跟踪器由发射器、接收器和计算模块组成。发射器由绕立方体芯子正交缠绕的三组线圈组成，它被严格地安装在基准构架上。立方体芯子由磁性可穿透金属组成，可以集中电流通过任一组线圈时产生的磁力线。如果安装时线圈没有相互正交，则需校准此跟踪器并把校正数据存储在查询表中。

发射器依次向三组发射器线圈输入直流电流，使每一组发射器线圈分别产生一个脉冲调制的直流电磁场。一个完整的测量周期是10ms，由四个2.5ms的时长组成。在前三个连续的区间内，电磁脉冲依次作用到三组发射器线圈上；在第四个区间内，发射器是静止的，没有直流脉冲的作用。每一个直流脉冲都有一个严格控制的上升时间，根据由跟踪器的位置输出确定的发射器对接收器的范围来确定。

接收器也是由绕立方体芯子正交缠绕的三组独立的线圈组成。立方体的中央是一个圆柱形的管子，四周缠绕着另一组励磁线圈。使用接收器就像使用一个三轴磁力计一样，三个方向的线圈几乎同时测量接收器单元所在处的磁场的各个不同分量。

电磁波跟踪器的特点如下：

① 优点：电磁波跟踪器敏感性不依赖于跟踪方位，基本不受视线阻挡的限制，体积小，价格便宜，实时性好，因此对于手部的跟踪大都采用此类跟踪器。

② 缺点：延迟较长，跟踪范围小，且容易受环境中大的金属物体或其他磁场的影响，从而导致信号发生畸变，跟踪精度降低。

3.3.2　超声波跟踪器

超声波跟踪器是声学跟踪技术最常用的一种，是一种非接触式的位置测量设备。其工作原理是发射器发出高频超声波脉冲（频率 20kHz 以上），由接收器计算收到信号的时间差、相位差或声压差等，来确定移动接收单元的实时位置，图 3.10 所示为超声三维鼠标。

超声波式位置跟踪器特点如下：

① 优点：成本低，体积小，不受外部磁场和铁磁性物质的影响，易于实现较大的测量范围。

② 缺点：延迟和滞后较大，实时性较差，精度不高，受噪声和多次反射等干扰较大，声源和接收器间不能有遮挡物，由于空气中声波的速度与气压、湿度、温度有关，所以必须在算法中做出相应的补偿。

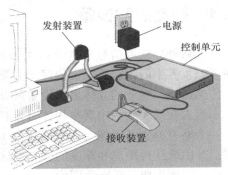

图 3.10　超声三维鼠标

3.3.3　光学跟踪器

光学跟踪器的原理是使用光学感知来确定对象的实时位置和方向，其原理如图 3.11 所示。光学跟踪器可以使用多种感光设备，从普通摄像机到光敏二极管都有。光源也是多种多样的，如自然光、激光或红外线等，但为避免干扰用户的观察视线，目前多采用红外线装置。

光学跟踪器使用的主要三种技术：

（1）标志系统　通常是利用传感器（如照相机或摄像机）监测发射器（如红外线发光二极管）的位置进行追踪。

（2）模式识别系统　把发光器件按某一阵列排列，并将其固定在被跟踪对象身上，由摄像机记录运动阵列模式的变化，通过与已知的样本模式进行比较从而确定物体的位置。

（3）激光测距系统　将激光通过衍射光栅发射到被测对象，然后接收经物体表面反射的二维衍射图的传感器记录。

光学跟踪器虽然受视线阻挡的限制，且工作范围较小，但其数据处理速度、响应性都非常好，因而较适用于头部活动范围很小而要求具有较高刷新率和精确率的实时应用。

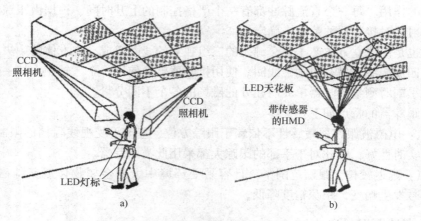

图 3.11　光学跟踪器原理

a）从外向内　b）从内向外

3.4　视觉感知设备

人从外界获取信息有 80% 以上来自于视觉，视觉感知设备是最常见的，也是最成熟的。在虚拟世界中的沉浸感主要依赖于人类的视觉感知，因此三维立体视觉是虚拟现实技术的第一传感通道，专业的立体显示设备可以增强用户在虚拟环境中视觉沉浸感的逼真程度。

当人在现实生活中观察物体时，双眼之间 6~7cm 的距离（瞳距）会使左、右眼分别产生一个略有差别的影像（即双眼视差），而大脑通过分析后会把这两幅影像融合为一幅画面，并由此获得距离和深度的感觉，这是人眼立体视觉效应的原理。在虚拟世界中，可以根据这一原理生成三维立体图像。

如果能够使左右两只眼睛从显示器屏幕上看到两副具有视差的画面，反映到大脑，就会产生立体感。

3.4.1　固定式立体显示设备

（1）台式 VR 显示设备　一般使用标准显示器，配合双目立体眼镜组成。根据显示器的数目不同，还可分为单屏式和多屏式两类。

台式 VR 显示设备是最简单也是最便宜的 VR 视觉显示方法，但缺乏沉浸感，图 3.12 所示为汽车虚拟驾驶模拟器。

（2）投影式 VR 显示设备　一般可以通过并排放置多个显示器来创建大型显示墙，或通过多台投影仪以背投的形式投影在环幕上，各屏幕同时显示从某一固定观察点看到的所有视像，由此提供一种全景式的环境。

投影式 VR 显示设备一般与立体眼镜一起使用，采用投影 + 眼镜的形式，使得对同一个场景，两眼得到存在视差的视图，经大脑对视

图 3.12　汽车虚拟驾驶模拟器

觉信息处理，使人获得立体视觉。常见的投影式 VR 显示设备又可分为以下三种。

1）墙式投影显示设备。可采用平面、柱面、球面的屏幕形式，如图 3.13 所示。

图 3.13　墙式投影显示

2）洞穴式投影显示设备（CAVE）。CAVE 就是由投影显示屏包围而成的一个立体空间（洞穴），分别有 4 面式、5 面式或 6 面式 CAVE 系统，如图 3.14、图 3.15 所示。

图 3.14　汽车驾驶系统模拟

图 3.15　洞穴式投影显示设备

3）三维显示器。裸眼立体显示指的是直接显示虚拟三维影像的显示设备，用户不需佩戴立体眼镜等装置就可以看到立体影像。

这项技术不同于普通显示器中的发射与反射类型，它把光源从显示器的下面向上发射，通过显示器内部的发射与折射，使用户能看到立体的图像，对显示器周围的环境没有任何严格的要求。由于技术上的原因，目前的 3D 显示器基本都是基于 LCD 液晶或者 PDP 等离子显示器的。3D 显示器经过两部分的处理。

① 软件处理：把图像处理成需要的格式，比如左右眼交叉的栅状图。

② 硬件手段：比如条状透镜组将左右眼画面分别折射到各自的区域，观看者站在一些特定的位置上，左眼处于左眼图像区，只能看到左眼图像，右眼只能看到右眼图像。

3.4.2　头部显示设备

虚拟现实头戴式显示器设备，即 VR 头显。VR 头显是仿真技术、计算机图形学、人机接口技术、多媒体技术、传感技术、网络技术等多种技术综合的产品，是借助计算机及最新传感器技术创造的一种崭新的人机交互手段。VR 头显可分为外接式头戴设备、一体式头戴设备、移动端头显设备。

外接式头戴设备，用户体验较好，具备独立屏幕，产品结构复杂，技术含量较高，不过受数据线的束缚，用户无法自由活动。

一体式头戴设备，产品偏少，也叫 VR 一体机，无须借助任何输入输出设备就可以在虚拟的世界里尽情感受立体世界的视觉冲击。

移动端头显设备，结构简单、价格低廉，只要放入手机即可观看，使用方便。

头盔式显示器（HMD）通常被固定在用户的头部，随着头部的运动而运动，并装有位置跟踪器，能够实时测出头部的位置和朝向，并输入到计算机中。计算机根据这些数据生成反映当前位置和朝向的场景图像，进而由两个显示屏分别向两只眼睛提供图像，如图 3.16 所示。

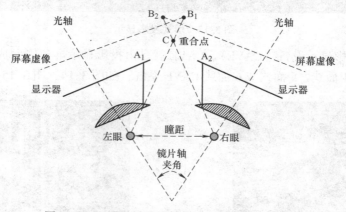

图 3.16 双眼局部重叠的头盔式显示器光学模型

除头戴式显示器外，双目全方位显示器也逐步得到应用。双目全方位显示器（Binocular Omni - Orientation Monitor，BOOM）是一种可移动式显示器，如图 3.17 所示，是一种特殊的头部显示设备。使用 BOOM 比较类似使用一个望远镜，它把两个独立的 CRT 显示器捆绑在一起，由两个相互垂直的机械臂支撑，这不仅让用户可以在半径 2m 的球面空间内用手自由操纵显示器的位置，还能将显示器的重量加以巧妙的平衡。显示器可以始终保持水平，不受

图 3.17 双目全方位显示器

平台位置的运动影响。在支撑臂上的每个节点处都有位置跟踪器，因此 BOOM 和 HMD 同样有实时的观测和交互能力。

3.5　听觉感知设备

"3D 声音"不是立体声的概念，3D 声音是指由计算机生成的、能由人工设定声源在三维空间中位置的一种声音。3D 声音生成器是利用人类定位声音的特点生成 3D 声音的一套软硬件系统。

听觉环境系统由语音与音响合成设备、识别设备和声源定位设备构成。虽然，视觉通道是提供信息最多的通道，但是，听觉通道通过向用户提供辅助信息从而可以加强用户对视觉通道的感知。人类进行声音的定位依据两个要素：两耳时间差（Interaural Time Differences，ITD）和两耳强度差（Interaural Intensity Differences，IID）。声源放置在头部的右边，由于声源离右耳比离左耳要近，所以声音首先到达右耳，感受到达两耳的时间差。

当听众刚好在声源传播的路径上时，声音的强度在两耳间变化便很大，这种效果被称为"头部阴影"。NASA 研究者通过耳机再现了这些现象。

除此之外，由于人耳（包括外耳和内耳）非常复杂，其对声源的不同频段会产生不同的反射作用，也导致声音定位的研究变得非常困难。为此，研究人员提出了头相关传输函数（Head - Related Transfer Function，HRTF）的概念，来模拟人耳对声音不同频段的反射作用。由于不同的人的耳朵有不同的形状和特征，所以也有不同的 HRTF 系数。

NASA 的研究人员为了合成出 3D 声音，开发了一种信号处理技术。试验人员位于一个圆顶房子内，在房间内放置特定空间位置的声源。微小的传声器（麦克风）放置在试验人员的耳朵内，接近于中耳。然后，把声源依次打开，并存储和数字化传声器的输出。例如，当说话者到达听众的左边发出声音时，声音将首先到达左耳，并且比右耳强度更大。使用 Fourier 变换器可以计算传声器输出的频率响应，以及相应的 HRTF 函数，便能把该声音虚拟地定位在空间的任何位置。

虚拟现实系统中已经考虑到的人耳因素包括声音方向、声音舞台以及头相关传递函数。听觉感知设备的特性是全向三维定位和三维实时跟踪。虚拟现实技术中所采用的听觉感知设备主要有耳机和扬声器两种。

3.6　力反馈和触觉设备

VR 产生"沉浸"效果的关键因素之一是用户能否用手或身体的其他部分去操作虚拟物体，并在操作的同时感觉到虚拟物体的反作用力。

力反馈器、力反馈系统、触觉反馈器系统是 21 世纪最伟大的技术创新，它改变了以往基于视觉、听觉和键盘鼠标等的传统人机交互技术，为使用者提供了一种更加自然和直观的基于力和触觉的人机交互方式。

人类触觉系统的感知类型有触觉感知、温度感知、本体感知和肌肉运动感知。身体感觉涉及粗糙程度、振动、运动、位置、压力、疼痛和温度，按身体不同部位，可分四类：深部感觉、内脏感觉、本体感觉以及外感受。触觉反馈分为两类，接触反馈和力反馈。

没有力反馈作用的系统至少有两个缺点：首先是缺乏真实感；其次是给视觉计算带来麻烦。

3.6.1 力反馈设备

力反馈设备是运用先进的技术手段跟踪用户身体的运动，将其在虚拟空间运动转换成对周边物理设备的机械运动，并施加力给用户，使用户能够体验到真实的力度感和方向感，从而提供一个实时的、高度逼真的、可信的真实交互。

（1）力反馈手柄　力反馈手柄是桌面式力反馈系统设备，桌面式力反馈系统设备安装简单、使用轻便灵巧，并且不会因自身重量等问题而让用户在使用中产生疲倦甚至疼痛的感觉，因此目前已经成为较为常用的力反馈设备，图3.18为几种力反馈器。

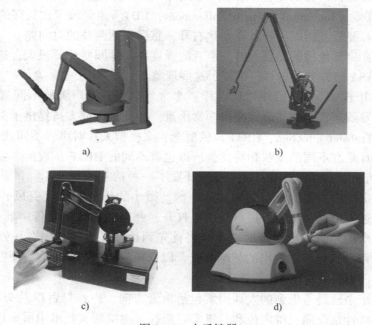

图3.18　力反馈器

（2）力反馈手套　力反馈手套可以独立反馈每个手指上的力，主要用于完成精细操作，下面就 CyberGrasp 力反馈装置的手套举例说明，如图 3.19 所示。

CyberGrasp 是一款设计轻巧而且有力反馈功能的装置，使用者可以通过 CyberGrasp 的力反馈系统去触摸电脑内所呈现的 3D 虚拟影像，感觉就像触碰到真实的物体一样。该产品重量很轻，可以作为力反馈外骨骼佩戴在 Cyber-Glove 数据手套（有线型）上使用，能够为每根手指添加力反馈。使用 CyberGrasp 力反馈系统，用户能够真实感受到虚拟世界中物体的尺寸和形状。接触 3D 虚拟物体所产生的感应信

图3.19　CyberGrasp 力反馈手套

号会通过 CyberGrasp 特殊的机械装置产生真实的接触力,让使用者的手不会因为穿透虚拟的物件而破坏了虚拟环境的真实感。护套内的感应线路是特别为了细微的压力以及摩擦力而设计的,而 5 根手指上都装有高质量的电动机。

使用者手部用力时,力量会通过外骨骼传导至与指尖相连的肌腱。一共有五个驱动器,每根手指一个,分别进行单独设置,可避免使用者感觉手指触摸不到虚拟物体或对虚拟物体造成损坏。高带宽驱动器位于小型驱动器模块内,可放置在桌面上使用。

该装置可在整个运动范围内施加垂直于指尖的抓取力,也可以单独施加某个力。CyberGrasp 系统可使手部在整个运动范围内运动,但并不妨碍佩戴者的动作。该装置可根据用户的手的特点进行调节。在用力过程中,设备发力始终与手指垂直,而且每根手指的力均可以单独设定。CyberGrasp 系统可以完成整只手的全方位动作,不会影响佩戴者的运动。

CyberGrasp 最初是为了美国海军的远程机器人专项合同而研发的,可以对远处的机械手臂进行控制,并真实地感觉到被触碰的物体。CyberGrasp 系统为“真实世界”的应用带来了巨大的利益,包括医疗、虚拟现实培训和仿真、计算机辅助设计(CAD)和危险物料的远程操作。

3.6.2　接触反馈设备

(1)接触反馈手套

1)充气式接触反馈手套是使用小气囊作为传感装置,在手套上有20~30个小气囊放在对应的位置,当发生虚拟接触时,这些小型气囊能够通过空气压缩泵的充气和放气而被迅速地加压或减压。

2)振动式接触反馈手套是使用小振动换能器实现的,换能器通常由记忆合金制成,当电流通过这些换能器时,它们就会发生变形。

(2)数据衣　在 VR 系统中比较常用的运动捕捉是数据衣。数据衣是为了让 VR 系统识别全身运动而设计的输入装置,其原理与数据手套相似。数据衣将大量的光纤、电极等传感器安装在一个紧身服上,衣服里面的传感器能够监测和跟踪人体的所有动作,然后用计算机重建出图像。数据衣对人体大约 50 个不同的关节进行测量,包括膝盖、手臂、躯干和脚。通过光电转换,身体的运动信息被计算机识别,反过来衣服也会反作用在身上产生压力和摩擦力,使人的感觉更加逼真。如图 3.20 为 VR 专用的全身动作数据衣 Teslasuit。

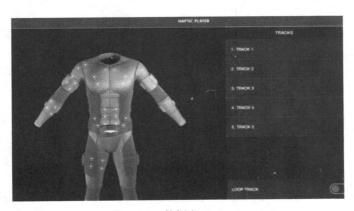

图 3.20　数据衣 Teslasuit

3.7　虚拟嗅觉、味觉设备

在虚拟现实的研究中，对于视觉和听觉交互的研究一直处于主流位置，各种设备层出不穷，而对于嗅觉、味觉的研究则相对较少，但也有一些研究机构和创业团队在着手解决这些问题，并且取得了相应的成果。

在旧金山举行的 GDC 2015 游戏开发者大会上，Oculus Rift 就带来了一款能够提供嗅觉交互的配件。这款配件由 FeelReal 公司研发，是一个类似面具的产品，其中内置了加热和冷冻装置、喷雾装置、振动马达、传声器，还有"能提供 7 种气味的可拆卸气味发生器"。这 7 种气味包括海洋、丛林、草地、花朵、火焰、粉末和金属。

想象一下未来在虚拟的世界中，当我们在虚拟的草地上漫步时，不仅可以闻到青草的芳香，甚至捧起一捧泥土时还可以闻到泥土的味道。通过电和热的刺激，能够让人们的大脑相信，目前正在品尝一些不存在的东西。嗅觉和味觉技术的出现，意味着更加真实的虚拟现实体验，用户可以在虚拟世界吃饭、喝酒。开发一台 VR 气味装置需要工程师与药剂师和调香师协作，而一旦设备制作出来，很可能还会带来许多新的问题。目前虚拟嗅觉和味觉还处于非常早期的阶段，要去开发一款成熟的设备还存在很多障碍。

第4章　虚拟现实软件技术

4.1　VRML 概述

虚拟现实造型语言 VRML（Virtual Reality Modeling Language）是描述虚拟环境中场景的一种标准，利用它可以在 Internet 上实现交互式的三维多媒体的效果。VRML 本质上是一种用于造型的脚本语言，与目前比较成熟的造型软件（如 Solidworks、3D MAX 等）相比，其最大特色是实时渲染。使用已有的造型软件可以制作出极为丰富的三维效果，但不能实时渲染和实时交互，只能预渲染后，以一种旁观者的身份观看渲染效果，而不能以参与者的身份参与到虚拟环境中。

利用 VRML 可以创建任何虚拟的物体，如建筑物、城市、山脉、飞船、星球等，还可以在虚拟控件中添加声音、动画，使之更生动，更逼真。与其他在 Web 中实现虚拟环境的技术相比，VRML 语法简单、易懂，编辑操作方便，可以嵌入 Java、JavaScript 等语言，其表现能力得到极大的扩充；可以利用各种传感器实现人机交互，形成更为逼真的虚拟环境；文件体积小，适宜传输，可以方便地创建立体网页和网站。

4.2　VRML 的语法与结构

VRML 文件是一个后缀为 wrl 的文件，它主要包括 VRML 文件头、节点造型、脚本、路由、注释等部分。但并不是每一个 VRML 文件都需要包括这些部分，只有文件头是每一个 VRML 文件都必须有的部分。

1. VRML 文件结构

（1）文件头　文件头部分告诉浏览器，该 VRML 文件符合的规范标准以及使用的字符集信息，其基本格式如#VRML V2.0 utf8，表示该文件采用 UTF－8 字符集。

注意：这是 VRML2.0 文件所必需的开头，必须放在文件的第 1 行，必须要按照如上所示的语法格式出现。

文件头分为三部分：

1）VRML：说明打开该文件的浏览器，该文件是一个 VRML 文件。

2）V2.0：该 VRML 文件遵循的 VRML 规范是 2.0 版本。

3）utf8：该文件使用的字符是国际 UTF－8 字符集。

（2）注释　注释以一个"#"符号开始，结束于该行的最后。浏览器将不会执行"#"后输入的任何字符。

VRML 文件中的注释，用以对文件说明。注释并不是必需的，但是在适当的位置加上注释是一个很好的编程习惯，便于读程序，也便于调试。

（3）节点　在 VRML 中定义了一系列用来生成和描述三维形体的对象，这些对象称为节点。节点是 VRML 的基本单元，构成了 VRML 文件的主体部分。VRML 包括几十个标准节点，它们按一定规则构成场景图，提供颜色、灯光、超链接、材质等功能。被定义的节点称为原始节点，对被命名节点的引用称为实例。

节点名 ｛ 域值类型   域名   域值   #注释｝

在 VRML 文件中可以为节点定义名称，然后在本文件的后面就可以反复地引用该节点。节点具有节点名、节点类型、包含的域、事件接口等基本组成部分。在设计场景的时候，节点的第一个字母必须大写。整个的虚拟世界就是节点嵌套以及节点的定义和使用。

（4）域和域值 节点一般包括节点类型、一对括号中描述节点属性的域和域值。其中，域定义了节点的属性。

在同一个节点中的域有以下特点：

● 无序性：各个域之间没有先后的次序之分，以不同顺序排列的相同的域和域值得到的最后结果完全一样。

● 可选性：各个域都有自己相应的默认值，即当没有说明域的域值时，浏览器将用相应的默认值创建相应的造型。

节点中可以设置物体大小、颜色、造型朝向、光照亮度等域。

（5）事件 VRML 中一般只有两个事件，即一个输入事件 eventIn，一个输出事件 eventOut，这与输入输出接口一致。事件是改变域值的请求，输入事件请求节点改变自己某个域的域值，而输出事件则请求别的节点改变它的某个域值。

（6）路由 路由的作用是将各个不同的节点绑定在一起以使虚拟空间具有动感和交互性。一个节点通常具有多个不同输入接口和输出接口，但有些节点并不同时具有输入和输出接口。在两个节点之间存在着路由，事件可以通过路由从这个节点传递到另外一个节点上。这样传递的事件通常可以改变相应节点的某些域值。

（7）脚本 脚本是一套程序，是与各种高级语言或数据库的接口。脚本通常作为一个事件级联的一部分而执行，脚本可以接受事件，处理事件的信息，还可以根据处理结果产生输出事件。

2. 节点和域的书写格式

在文件中，节点用大写字母开头，域用小写字母开头。一个节点的所有的域都要用一对大括号括起来。如果节点用小写字母开头，系统会认为这是一个未知的节点而无法执行程序。应该用中括号将所有域值括起来，且域值中间用逗号或者空格分隔开。

3. 节点的定义与调用

在文档中，一个造型、一个造型的外观甚至一个场景可能多次出现。这时可以将描述造型的节点、描述外观的节点或者描述一个场景的一组节点定义起来，在需要的地方应用，这样就节省了开发时间，同时也使得程序不至于太过繁杂，理解上更为清晰。节点定义的基本方法如下：

DEF 节点名称 节点 ｛……｝

这里，节点名称用来给所要应用的节点起一个名字，它可以由大小写字母、下划线和数字组成，但要注意这个节点名称是区分大小写的，并且名称不能以数字开头。

4.3　三维页面制作

尽管使用所见即所得的工具，通过图形界面可以方便地创建三维页面，但如果想深入掌握 VRML，必须全面了解节点、域、检测器等技术细节，而达到此目的的最好方法就是用编写文本文件的方式创作 VRML 虚拟场景。

在制作三维页面之前，先了解一下 VRML 的空间坐标与计量单位。在构建虚拟场景中，构成场景的造型有大小的差别，物体间有相对位置的不同，并且造型还会有旋转、移动等运动。这就涉及物体的空间坐标系、相应的长度、角度及颜色等。在 VRML 中，采用空间直角坐标系确定造型的位置，并且用特定的计量单位定量表示长度。

VRML 中的节点分为三种类型：组节点、子节点和属性节点。在组节点（如 Group）中有一个 children 域，该域的值就是子节点（如 Shape）。子节点的域值可以是另一个节点，如果其域值不包含其他子节点，这样的子节点就被称为属性节点。

对于实际的物体说来，最重要的基本特征就是它的形状、材质和外观等。VRML 中，用来创建所有造型节点的是 Shape，它是最基本也是最重要的一个节点。用这个节点可以创建和控制 VRML 支持的造型的外观、材质和形状。

使用语法：

Shape｛ appearance NULL # SFNode

　　　　geometry　　　　NULL # SFNode ｝

4.3.1　Material 节点空间造型外观节点设计

Material 节点语法定义：

Material｛

　　　　diffuseColor 0. 8 0. 8 0. 8　　　　#exposedField　　　SFColor 材料的漫反射颜色

　　　　ambientIntensify 0. 2　　#exposedField　　SFColor 有多少环境光被该表面反射

　　　　specularColor 0 0 0　　　　#exposedField　　　SFColor 物体镜面反射光线的颜色

　　　　emissiveColor 0 0 0　　　　#exposedField　　　SFColor 发光物体产生的光的颜色

　　　　shiness　　　　0. 2　　　　#exposedField　　　SFloat 造型外观材料的亮度

　　　　transparency　　0　　　　#exposedField　　　SFFloat 物体的透明度

｝

exposedField 为暴露域；SFColor 域只有一个颜色的单值域，SFColor 域值由一组 3 个浮点数组成，每个数都在 0. 1 ~ 1. 0 范围内，分别表示构成颜色的红绿蓝（RGB）3 个分量；SFFloat 域是单值单精度浮点数。

4.3.2　文本造型节点的基本使用

使用语法：

Text｛ string　　　［　］ # MFString

　　　　fontStyle NULL # SFNode

maxExtent 0. 0 # SFFloat

length   [ ]   # MFFloat }

4.3.3 背景节点的使用

在 VRML 中，给场景设置合理的背景有利于对场景起到烘托和渲染的作用，观察者观察浏览场景的时候能看到更为生动、逼真的景象。前面学习过许多造型，通过对造型的综合、灵巧的组合应用，也能够构造出背景，但是这会带来更多的设计工作。同时，造型的复杂带来了更大的计算量，增加了 CPU 处理的开销和延长浏览者观察、浏览、下载场景的时间。而设置背景有利于浏览器对计算实现优化，浏览器花在复杂实体造型上的时间比描绘一张背景图所用的时间要多了许多。因而，利用 VRML 提供的创建背景的功能设置背景是一个很有效的方法。

Background 节点：

构建 VRML 背景使用 Background 节点。

使用语法：

```
background {  groundColor  [ ]              # exposed field MFColor
              groundAngle  [ ]              # exposed field MFFloat
              skyColor     [ 0 0 0 ]        # exposed field MFColor
              skyAngle     [ ]              # exposed field MFFloat
              frontUrl     " "              # exposed field MFString
              backUrl      " "              # exposed field MFString
              rightUrl     " "              # exposed field MFString
              leftUrl      " "              # exposed field MFString
              topUrl       " "              # exposed field MFString
              bottomUrl    " "              # exposed field MFString }
```

背景中空间背景球的概念天空角顺时针从 0 ~ 180°，地面角逆时针从 0 ~ 180°，角度均以弧度记，因此在水平面处，角度均为 1.57rad。

在 VrmlPad 中输入如下代码：

```
#VRML V2.0 utf8
Group {
    children [
        Background {
            skyColor[ 0 0.2 0.7,0 0.5 1,1 1 1]
            skyAngle[ 1.3,1.571 ]
            groundColor[ 0.4 0.4 0.4,0.4 0.4 0.4,0.2 0.1 0.1]
            groundAngle[ 1.1 1.571 ]
        }
        Shape {
            appearance Appearance {
                material Material {
                    diffuseColor 1 0 0
```

```
                  }
               }
            geometry Sphere {radius 2.0}
         }
      ]
   }
```

程序中通过 Sphere 节点绘制了一个半径为 2 的球体，与背景结合，模拟了太阳从地面升起的场景。

4.3.4　多媒体元素的添加

在三维页面中同样可以加入声音、图像、视频、动画等多媒体元素。

1. 在虚拟环境中添加声音

在 VRML 中，引入和控制声音用节点 Sound，利用 Sound 节点的域 source 的节点域值 AudioClip 和 MovieTexture 具体地引入声音文件，给场景添加声音。

在 VrmlPad 中输入如下的代码：

```
#VRML V2.0 utf8
Group {...}
Sound {
    source AudioClip {
   url    "test. mid"
   loop TRUE
   }
   # location 0 0 0
   # direction 0 0 1
   # intensity 1
   minBack 10
   minFront 10
   maxBack 70
   maxFront 70
}
```

Sound 节点的 location 域指定声音发射器位置的三维坐标，程序中为该域的默认值（0 0 0），表示将声音发射器放置在坐标系的原点。Direction 域指定了声音发射器的发射方向，该域默认值（0 0 1）表示发射器的发射方向指向 Z 轴正方向，即面向观众方向。Intensity 域指定声音发射器发射声音的强度，该域值在 0~1 之间变化，1 表示音量最大，0 表示静音，默认值为 1，当其值大于 1 时，会使声音失真。以上三个域在编写程序时可以省略，系统会采用默认值进行播放。

minFront 域和 minBack 域的值表示环绕声音发射器最小范围椭球的大小，maxFront 域和 maxBack 域的值指定了最大范围椭球的大小。在最小范围椭球之内，听到的声音是最大音量，并且没有变化；在最大范围椭球之外，声音的音量为零，听不到声音；在最小和最大范围椭球之间时，听到的音量随距离的变化而变化。

注意：程序运行时，拖动鼠标，当球体变小时，声音会变小；当球体变大时，声音会变大。

在 AudioClip 节点中，通过 url 域指定 wav 或者 mid 格式的声音文件作为声源，通过 loop 域指定声音是否循环播放。其值为 TRUE 时，表示声音循环播放，该域的默认值为 False，声音只播放一次。

2. 贴图纹理的实现

纹理实际上就是一个位图，将图形指定到造型表面，就是纹理映射。纹理映射可以不改变物体几何形状，在不增加多边形的基础上提高渲染质量，简化表面的处理。例如：建筑物外墙、地板、草地等造型，可以通过在造型表面添加相应的纹理来解决。这样能创建与实际非常接近的造型，设计方法简便，同时也不会增加 VRML 文件的复杂程度。

在 VRML 中，能够应用于纹理的静态以及动态图像包括 JPEG、GIF、PNG、MPEG，在实际使用中，可以根据情况取舍。

使用 Material 节点的 diffuseColor 域可设置对象的颜色，但是为了得到更为真实的对象，还可以通过为对象的表面包裹一个二维图像来进行着色，这就是对象的纹理。

VRML 中的纹理映射是用 ImageTexture、PixelTexture 或 MovieTexture 节点作为 Apperance 节点的 texture 域值，把纹理映射到造型中去。

例如，贴图纹理，在 VrmlPad 中输入如下代码：

```
#VRML V2.0 utf8
Shape{
Geometry Box{size 4 6 4}
Appearance Apperance{
Texture ImageTexture{url "test.jpg"}
}
}
```

ImageTexture 节点是用来进行纹理映射的最普通的节点，利用这个节点，提供 JPEG、PNG 或 GIF 格式贴图文件的 URL，VRML 浏览器从这些文件中取出这些纹理贴图，并将其用于造型。"url" 指定作为纹理文件的外部图像文件路径。该路径是磁盘上的特定位置，默认是当前文件夹。在 url 后面可以指定多个图像文件的路径，浏览器会按照指定的先后顺序装载该表中第一个能够找到的文件，以免当有些路径失效的时候造型不能添加纹理。图像纹理文件应该是上面介绍过的 VRML 支持的图像格式。如果 url 后面为空，表示不给造型添加纹理。

给一个 Shape 节点创建的造型添加纹理，会将纹理添加到各个表面，因为在一个 Shape 节点下的纹理是对于该节点创建的造型实现映射的。由此可知，如果想要给各个不同的表面添加不同的纹理，各个表面必须单独造型，势必有多个 Shape 存在。

3. 添加灯光

实际上，在 VRML 中有自带的光源，就是 "Headlight"，称为头灯，默认情况下，头灯是打开的，使得场景中的造型获得光照，一旦关闭了头灯，场景便会漆黑一团。另外，头灯在使用中不够灵活，同时，和现实中的光照效果差别也很大，不能真实地模拟现实中的光照的情况。因此，在场景中使用光照的效果是十分必要的。在虚拟场景中，设置光照效果有相应的光源节点。为了真实地模拟现实中的光照的现象，VRML 中，光源节点有不同的几种类型：点光源（PointLight）、平行光源（DirectionalLight）、汇聚光源（SpotLight）三种。下面以点光源灯光为例，介绍灯光的用法。

点光源节点（PointLight）的特点是光线由某特定点发出，向四面八方传播。即光源位于一个球面的球心，光线沿着径向传播出去，点光源是各向同性，因而方向性差，不会在某一方向上有特殊的效果。从而，讨论点光源的时候指明发光点的位置就能大致知道对周围环境的影响。

使用语法：

```
PointLight {on TRUE # exposed field SFBool
            intensity        1      # exposed field SFFloat
            ambientIntensity 0      # exposed field SFFloat
            color            111 # exposed field SFColor
            location         000 # exposed field SFVec3f
            radius           100 # exposed field SFFloat
            attenuation 100 # exposed field SFVec3f }
```

例：

```
#VRML V2. 0 utf8
Transform {
        translation 0. 0 0. 0 5. 0
        children [
                DEF ball Shape {
                        appearance Appearance {
                                material Material { }
                                }
                        geometry Sphere {
                                radius 0. 5 }
                                }
                Transform {
                translation 0. 0 0. 0  - 5. 0
                        children [
                        USE ball
                        Transform {
                                translation 0. 0 0. 0  - 5. 0
                                children [
                                        USE ball ] } ] } } ]
PointLight {
        location 0. 0 0. 0 7. 0
        color 1. 0 0. 0 0. 0
```

attenuation 0. 3 0. 1 0. 0 }

在上述例子中，在 Z 坐标轴上创建了三个白色小球，红色点光源位于（0. 0 0. 0 7. 0），同三个小球一样位于 Z 坐标轴上，由于 VRML 中光源不像实际光源那样会被遮挡，所以三个小球都被光源施加了光照。从范例中可以看到，光源是随距离线性衰减的，位于远端的小球光强减弱。如果把 attenuation 域的第一个值加大，相当于比例因子加大，光的强度衰减得更厉害。

4. 3. 5 视点的切换

创建空间视点用节点 ViewPoint，通过该节点一方面设定观察的位置和朝向，另一方面设定观察的视角大小，通过节点对于观察视点的设定，使浏览者对于观察的场景有不同的选择。ViewPoint 节点本身并不可见，但能够通过它设置的空间的不同视点感觉出来。

使用语法：

```
Viewpoint { position     0 0 10        # exposed field SFVec3f
            orientation 0 0 10         # exposed field SFRotation
            fieldOfView 0. 785398      # exposed field SFFloat
            description " "            # SFStreing
            jump        TRUE           # exposed field SFBool }
```

4. 4 实现交互功能

在 VRML 虚拟场景中，能够创建形象逼真的造型，通过动画功能，使得浏览者能够感受到生动的效果。并且，前面学习过 Anchor 节点，用户对于场景也能够选择所要查看的信息，实现简单的交互。但是这些还是不够的，用户对于场景的控制还是局限在有限的范围内，更多的时候还是被动地接受信息。如果浏览者能够控制场景，那么虚拟环境会更有意义。VRML 中设置了一些具有检测、感知作用的节点，借助于这些节点，浏览者和虚拟对象能够实现更进一步的交互。

在 VRML 中，检测器（Sensor）节点是交互能力的基础。检测器节点共九种。在场景图中，检测器节点一般是以其他节点的子节点的身份而存在的，它的父节点称为可触发节点，触发条件和时机由检测器节点类型确定。

在 VRML 中，动画插补器节点包括的动画控制节点有 PositionInterpolator 位置插补器节点、OrientationInterpolator 朝向插补器节点、ScalarInterpolator 标量插补器节点、ColorInterpolator 颜色插补器节点、CoordinateInterpolator 坐标插补器节点及 NormalInterpolator 法线插补器节点等。用这些动画控制节点可以实现模拟大千世界的变化。

VRML 触摸节点由 Touch 触摸传感器节点、PlaneSensor 平面检测节点、CylinderSensor 圆柱检测器节点和 SphereSensor 球面检测器节点构成。在路由的作用下，触摸节点和动画插补器节点联合使用可以产生更加生动逼真的动态交互效果，使观测者有身临其境的感觉。

VRML 感知节点包括 VisibilitySensor 能见度传感器、ProximtitySensor 亲近度传感器节点及 Collision 碰撞传感器节点。感知节点具有初级智能作用，是 VRML 最具代表性的节点，也是非常重要的节点。

接触检测器（TouchSensor）是最常用的检测器之一，最典型的应用例子是开关。这里定义一个开关节点 lightSwitch（这是一个组节点），并定义一个接触检测器作为它的子节点：

DEF lightSwitch Group {

children [

各几何造型子节点...

DEF touchSensor TouchSensor {}

]

}

这样开关节点 lightSwitch 就是一个可触发节点。当然，检测器存在的理由是它被触发时能够引起某种变化，所以在更深入讨论开关节点之前，先讨论一下场景的变化。

4.4.1　接触检测器 TouchSensor 节点

这个检测器主要是检测鼠标是否单击或者正指在对象上，从而做出响应。

使用语法：

TouchSensor { enabled TRUE # exposed field SFBool }

一般说来，这些事件一般要用 JavaScript 脚本语言或者 Java 编程语言调用控制，那样比较方便。但是 touchTime 事件由于输出时间值，不用脚本语言也容易使用。可以把它送到时间传感器 TimeSensor 中，作为时间传感器中的动画周期的时间起点，这样就可以由用户决定在什么时候开始动画，或者对于已经开始的，只要将时间传感器 TimeSensor 的域 loop 设置为 TRUE，设置了插补器后，则动画自动进行，不需要用户进行干预。如果将时间传感器 TimeSensor 的域 loop 设置为 FALSE，动画则不进行。但是利用接触传感器 TouchSensor，用户的鼠标对于场景中的对象有了动作，则输出 touchTime 事件，该事件的值为时间值，输入时间传感器、启动传感器，则动画在用户的意愿下进行，从而实现交互。

场景中已经设置了时间传感器和方位插补器，以便实现动画。由于没有给时间传感器设定动画开始的时间，在未收到鼠标消息之前，造型是静止的，当鼠标在对象上单击的时候，则造型会旋转起来。下一句路由的使用即由 touchTime 时间输出时间值作为时间传感器的开始时间：

ROUTE touch. touchTime TO clock. startTime

4.4.2　平面移动型传感器 PlaneSensor 节点

PlaneSensor 检测鼠标拖动对象的动作，使得对象可在 *XY* 平面移动，但是其并不发生旋转，故称为平面移动型检测器。

使用语法：

PlaneSensor { minPosition 00　　 # exposed field SFVce2f

maxPosition　　??　　 # exposed field SFVce2f

enabled TRUE　　　 # exposed field SFBool

offset　　　000　 # exposed field SFVce3f

autoOffset　　TRUE # exposed field SFBool }

该节点决定每次鼠标拖动后再次拖动对象时开始的位置。如果选择 autoOffset 值为

TRUE，则每次拖动对象后，对象会停留在新位置，并且再次拖动时，对象会从新位置开始移动。否则，autoOffset 值为 FALSE 时，用户每次开始新一轮拖动时，被拖动的对象都自动先复位到初始位置。

例如，设计了四个球体，用节点 PlaneSensor 检测鼠标的拖动，红球 s_1 的 maxPosition 域值和 minPosition 域值的 y 值相等，则该对象只能在 X 方向移动。而蓝球 s_2 由于 maxPosition 域值和 minPosition 域值的 x 值相等，所以它只能在 Y 方向上移动。请分析一下黄球 s_3 和绿球 s_4 的 maxPosition 域值和 minPosition 域值的关系再观察它们的移动情况，能够对于 maxPosition 域值和 minPosition 域值有确切的理解。

4.4.3　单轴旋转型检测器 CylinderSensor 节点

CylinderSensor 检测鼠标的拖动动作，鼠标拖动对象以 Y 轴为轴旋转，但是不改变对象的位置，对象的外部轮廓旋转中画出的包迹是一个圆柱状，故称为单轴旋转型检测器节点。

使用语法：

```
CylinderSensor { minAngle 0       # expected field SFFloat
                 maxAngle ?        # expected field SFFloat
                 enable    TRUE  # expected field SFFBool
                 diskAngle 0.262 # expected field SFFloat
                 offset    0       # expected field SFFloat
                 autoOffset TRUE  # expected field SFFBool }
```

两个对象的 maxAngle 和 minAngle 域值是不同的，当拖动鼠标时，可以观察到旋转状况的不同。

4.4.4　定点旋转型检测器 SphereSensor 节点

SphereSensor 检测鼠标拖动的动作，鼠标拖动对象绕某定点任意旋转，转轴是任意方向的，但是其不改变对象的位置。旋转过程中，对象的最外缘的包迹是一个球面，故称为绕定点旋转型检测器节点。

例如，创建了两个正方形，在 SphereSensor 的 autoOffset 域中，一个设置为 TRUE，另外一个设置为 FALSE，观察运行效果，能够明确该域的使用。同 TouchSensor 接触传感器一样，这三类检测节点要用在群节点 Group 以及 Transform 等节点下，检测鼠标的动作并且做出相应的响应。

4.4.5　可见感知节点 VisibilitySensor

可见感知节点是另外一类检测器，它主要检测浏览者从某一特定视点观看某一特定对象的情况。该节点在场景中设置了一个区域，在区域内，认为浏览者能够看到某对象，在区域外则不能。取决于浏览者观看对象的情况，并产生一些行为或输出事件，从而实现观察者和场景的交互。

使用语法：

```
VisibilitySensor { center   000  # exposed field SFVec3f
```

> size　　　000　# exposed field SFVec3f
> enabled TRUE # exposed field SFBool ｝

VisibilitySensor 节点和 PositionInterpolator 节点以及 TimeSensor 节点结合使用,当视点在定义区域时,VisibilitySensor 节点送出时间给 TimeSensor 节点,从而启动插补器,小球开始移动。

4.5　VRML 建模案例——挖掘机交互仿真

本案例中模型是利用 SolidWorks 对挖掘机各部件建模,进行装配。然后导出 VRML 文件,进行动画设置,实现交互仿真。几何建模与 VRML 交互仿真过程如图4.1 所示。

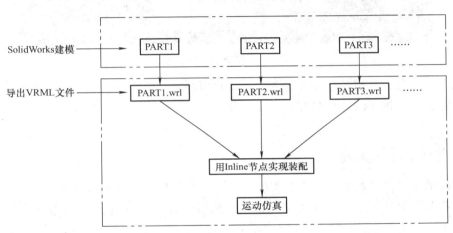

图4.1　几何建模与 VRML 交互仿真过程

4.5.1　用 SolidWorks 实现挖掘机精确建模

在 SolidWorks 里面对挖掘机各部件进行精确建模并进行装配,为后面导出 VRML 文件做准备。建模过程使用特征建模和实体建模的方法。

4.5.2　由 SolidWorks 导出各部件的 VRML 文件

由于从装配体直接导出的 VRML 文件过大,并且会产生很多冗余代码。造成计算机资源浪费。这里采用将装配体中其他部件隐藏,再依次导出的方法,然后再用 VRML 进行装配。这样既保证了各个部件的位置精度,又减小了文件的体积。另外需要注意的是,Solid-Works 里面建模默认的长度单位为毫米(mm),而 VRML 中用的是米(m)。在导出之前应先将 SolidWorks 的单位转化为米(m)。

4.5.3　在 VRML 中实现装配和运动仿真

在 VrmlPad 编辑器中,新建 wrl 格式文件,用内联函数 inline 命令将所有零件的 wrl 文件联系起来,可保证各零件的相对位置的正确性。利用 Cortonaplay 浏览器预览上述建立的装配体模型,如图4.2 所示。

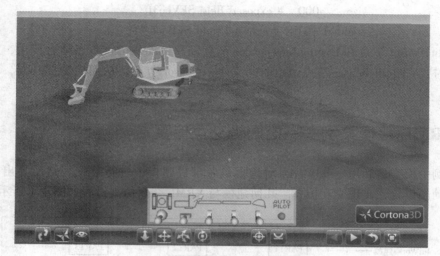

图 4.2　挖掘机交互仿真模拟

动画设置要充分考虑各个部件的牵连运动和相对运动位置关系。尤其是部件的相对运动中心的设置，如将挖斗的旋转中心移动至小臂与挖斗的铰接点处，挖掘机主体杆和大臂依次设置。

4.5.4　交互动作的实现

在挖掘机交互仿真模型中，主要实现了以下几个交互：①自动驾驶模式；②挖斗变幅交互；③小臂变幅交互；④大臂变幅交互；⑤挖掘机主体回转交互；⑥前进、后退、回转交互，如图 4.3 所示。

图 4.3　交互操作按钮说明

另外，在本交互仿真模型中，还实现了观察者的视角的交互，一个处于挖掘机的外围，即从远处观察挖掘机的操作动作，如图 4.4 所示；另外一个位于挖掘机的驾驶室里面，如图 4.5 所示。

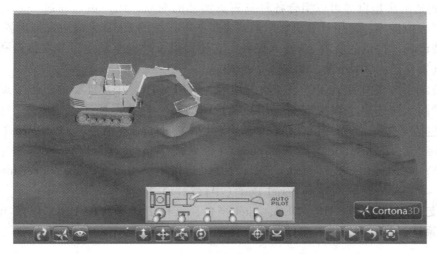

图 4.4 远视角观察

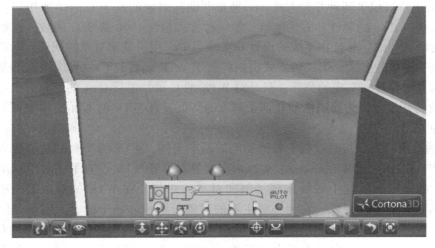

图 4.5 驾驶室观察

4.6 虚拟世界工具包

4.6.1 概述

虚拟世界工具包（World Tool Kit，WTK）是一种虚拟现实系统高级跨平台开发环境。WTK 有函数库与终端用户工具，可用于生成、管理与包装各种应用。通俗地说，WTK 提供一系列 WTK 函数，用户可以调用这些函数来构造虚拟世界。WTK 提供超过 1000 个 C 语言写的函数库，使用户能够方便地应用面向对象的原理，很快地生成虚拟环境中的复杂场景，快速开发新的虚拟现实应用系统。一个函数调用能够代替成百上千行 C 代码，极大地缩短了开发时间。

WTK 构造的虚拟世界可以组合各种具有真实感的对象，用户可以通过一系列的输入传感器来控制虚拟世界，使用计算机显示器或者带头部跟踪的 HMD 来漫游虚拟世界。WTK 几乎可以支持市场上提供的所有 3D 输入设备。它还提供了外设驱动程序开发接口和指南，有利于用户开发自己的 3D 外设。

WTK 的体系结构中引入了场景层次的功能。使用 WTK，用户能够通过把节点组装成一个层次场景图来构造一个虚拟现实应用，场景图的每一个节点描述应用的一个功能模块。WTK 的类包括 Universe（宇宙）、Geometries（几何）、Nodes（节点）、Polygons（多边形）、Vertices（顶点）、Lights（光线）、Viewpoints（视点）、Window（窗口）、Sensors（传感器）、Path（路径）、Tasks（任务）、Motion Links（运动连接）、Sound（声音）、User Interface（用户接口）、Networking（联网）和 Serial Port（串行端口）等。

WTK 支持 SGI、SUN、HP、DEC、Intel 平台，支持上述平台的 UNIX 以及 Windows 和 Linux 操作系统，具有多通道、多处理器支持能力。

4.6.2　WTK 的结构和对象机制

WTK 给用户提供了两种开发方式：一种是非面向对象的基于 C 的函数接口；另一种是面向对象的基于 C++ 的属性和方法接口。第一种方式包含 1000 多个 C 函数，这些函数遵循面向对象的命名规则，并且在系统的设计和实现当中采用了基于对象的观点，所以可以认为这是一种基于对象的方式。第二种方式提供包装了 WTK 函数的 C++ 类库，这不是一个按照面向对象的方法设计和实现的类库，只是对 WTK 的 C 函数进行 C++ 的面向对象包装。由于基于 C 函数的开发方式的简洁性和其基于对象的特征，在 WTK 的实际使用中更加经常使用的是第一种方式。

WTK 的对象是实现仿真过程中各种功能的基本实体，WTK 为所有的对象建立了相应的数据结构 WTxxxxxx，如 WTuniverse、WTwindows 等。尽管 WTK 没有采用对象继承的方法实现，但在它的设计和实现中处处体现了面向对象的思想。在 WTK 的对象结构中，WTuniverse 是管理其他对象的对象，它为一些主要的对象分别建立一个链表，用于存储和管理对象的所有实例。通过对象的方法函数可以得到这些对象链表的头指针，而且每种对象又提供了访问本类对象链表下一个元素的方法函数。这样，通过 WTuniverse 以及对象本身，我们可以获得对象的所有实例（instance）。

4.6.3　WTK 的仿真流程管理

WTK 的仿真流程是仿真程序的核心，它主要包括接收外部事件、更新对象状态、触发事件处理句柄和任务句柄三个过程，最终完成场景对象的各种行为描述。行为建模的过程包括设计事件的类型、触发方式和时机、事件和对象任务的结构以及每个事件处理函数和任务的代码实现。仿真行为的设计和实现，无疑是静态建模后程序员的主要工作，也是实现程序目标的最终体现。

4.6.4　WTK 的场景结构

一幅真实的场景包括数量众多、形状各异且具有复杂表面特征的物体，以及直接影响场景表面效果的各类光照条件。因此，怎样组织好场景的各种元素，使得场景组织更加简易、高效，场景元素的操作更加灵活，是构造模型时首要考虑的因素。

WTK 以类似于 VRML 中的场景图的方式组织场景。因为 WTK 场景图中允许对同一节点的多次引用，即子节点允许有多个父节点，所以 WTK 的场景也不能采用树的方式组织。采用层次图结构组织场景，使得复杂场景的构造比较简单，场景节点的检索高效、便利，不同节点的转换、光照效应易于隔离。

场景图的组成单位也是节点，节点包含的信息是 WTK 所规定的场景的四要素（几何体、灯光、位置信息和雾）之一。场景图有根节点，称为 rootnode。处于同一层的节点称为兄弟节点，上一层的节点称为父节点，下一层的节点称为子节点。没有子节点的节点称为叶节点，某一节点的子树的节点称为该节点的后继，在树遍历中先被访问的节点称为后被访问节点的前趋节点。

1. 场景图的遍历

WTK 按深度优先的顺序，即从上到下、从左到右的顺序，以每帧一次的频率遍历场景树。在遍历的过程中，每访问一个内容节点就处理该节点包含的信息。例如，访问的节点是几何体节点时，就画出该几何体（按照当前的位置、方位、光源、雾的状态绘制）；访问光源节点时，就将该节点所包含的光源加入到当前的活跃光源列表中；访问位置和方位节点时，就改变当前的位置和方位信息；访问雾节点时，就将节点所定义的雾作为当前的雾。在场景树遍历过程中，WTK 总是维护一个当前的位置、方位、光源和雾状态，这个状态在遍历的过程中不断改变，并影响下一步的几何体绘制。

在遍历中，位置和方位的信息是不断积累的。比如，分别访问一个包含平移信息和一个包含旋转信息的位置、方位节点，那么当前的位置、方位状态既包含平移也包含旋转信息。除了几何体外，光源也有位置和方位，所以光源也受当前位置、方位信息的影响。

2. 场景图的构建和修改

函数 WTuniverse_new( ) 执行完后，就创建了一幅只有一个根节点和两个灯光子节点的场景图，可称之为场景图框架。如果从文件载入场景，WTK 同时就创建该场景的场景层次图，并自动把它添加到场景图框架中；否则必须一个节点一个节点地创建，并调用 WTK 的场景图操作函数将它们装配到当前场景图中。对场景图的操作包括节点的插入、移去和删除，移去和删除的区别是前者只是把节点从场景图中移走，并不从内存中去除，如果需要还可以重新插入到场景图中。

3. WTK 的几何场景构造

WTK 的几何场景就是我们通过屏幕看到的虚拟世界。在 WTK 中，可以通过两种方式构造几何场景，通过 WTK 的扩展能力，我们还可以嵌入其他三维图形库的代码，如 OpenGL 和 DirectX，这使得用户可以充分利用平台的优势，突破 WTK 的局限性。

建立复杂、真实的三维场景是一项艰巨的任务，需要时间的投入、经验的积累，更不能缺少优秀建模工具的辅助。实践证明，通过调用三维建模函数库建立模型，程序员尽管可以随心所欲地控制模型的每一方面，却相应地带来了巨大的工作量。对于需要快速开发的各种仿真应用，使用目前越来越强大的建模工具是工程设计的明智选择。WTK 给各种流行的三维建模和 CAD 工具提供了友好而强大的接口，支持从文件载入其他建模软件建立的 3D 模型。

WTK 本身不是一个强大的建模环境，因此，它支持多种外部建模工具和相应的输出文件。

DXF（AutoCAD）：WTK 支持 AutoCAD 的 DXF 文件。

OBJ（Wavefront）：WTK 支持 Wavefront 文件中的多边形构造的几何体以及多边形化的曲面。WTK 支持 OBJ 文件的纹理和材质，它读入 Wavefront 的纹理映射文件和材质文件，但只使用它们的漫反射分量。

3DS（3D Studio）：WTK 读入 3DS 文件中多边形信息，包括多边形的颜色和纹理。WTK 只读取 3DS 多边形颜色中的环境光分量。WTK 也支持 3DS 文件的阴影处理。WTK 支持 3D Studio R3 和 R4 版本的文件格式，但不支持 R3、R4 文件规范中的点、线、样条曲线、掩膜、面纹理映射和方框纹理映射。当前还不支持 3D Studio MAX 文件格式。

SLP（Pro/Engineer RENDER）：WTK 读入 SLP 文件中多边形信息，包括顶点的颜色和法线。

FLT（MultiGen/ModelGen）：WTK 支持 FLT 文件的材质、纹理、次表面（subface）、外部引用（externalreferences）、几何转换（transforms）、LOD、实例化（instances）、答复（replicas）等。WTK 支持的 FLT 文件版本为 14.2；支持的 MultiGen 节点类型为 group、object、polygon、subface、LOD、instance 和 transformation；不支持 switch、animation、sequences、paths、roads、sounds 类型节点和其他特殊节点。

NFF（WTK）：这是 WTK 自身的文件格式。

VRML1.0：WTK 支持 VRML1.0。

WTK 支持的文件格式很多，基本上包括当今的主流三维建模软件和 CAD 软件。因为 WTK Release 8 是 1998 年出品，所以上述软件的当前版本基本上都不支持。

除了上述方法，还可以使用 WTK 提供的另外一些二维和三维的绘制函数以及其他三维图形库（如 OpenGL 或者用户自己编写的绘制函数）在指定的窗口中绘制场景。

4.6.5　传感器

WTK 使用传感器来概括所有的输入设备，几乎所有的 3D/6D 传感器都能在 WTK 中得到支持。这些传感器大约可以分为两类：基于桌面的和基于实体的。基于桌面的传感器包括鼠标、操纵杆和各种同质异构的操纵球，如 CIS 的 Geometry Ball、Jr. 和 Spacetec 的 IMC 系列 Spaceball，用于接收压力和力矩信息。通过这些 3D/6D 传感器，可以直接操作三维空间物体的旋转或者移动。基于实体的传感器包括各种电磁跟踪器，如 Polhemus FASTRAK 和 Ascension Bird，它们一般安装在头戴式显示设备上，用于跟踪头部的运动。还包括各种超声波和光电跟踪器，如 Logitech 的超声波三维鼠标和头部跟踪器。WTK 自己管理所有的传感器，屏蔽各类传感器的区别，提供简洁的程序接口，给用户的使用带来一定的便利性。

4.6.6　三维立体声

WTK 提供跨平台的声音播放 API。

1. 声音设备对象

声音设备对象是 WTK 用于表示声音设备的实体，它提供了高层的对声音处理设备的操纵和设置方法。一般来说，人们仅需要打开声音设备并得到相应的对象，然后设置它的属性，就可以在下面所介绍的声音对象中使用这个设备。另外一个功能也是常用的，即 WTK 的声音设备对象还负责管理本设备播放的所有声音对象，通过声音设备对象可以获得声音对象的指针。

2. 声音对象

声音对象是 WTK 中表示一段声音的对象实体，它完成对它所表示的声音片段的操作、设置和管理。对声音对象的操作有载入、播放、停止和属性的设置等。

声音对象在空间中的位置是决定它的 3D 效果的重要因素，WTK 中可以通过直接指定声音对象的位置坐标或者指定它的节点路径（即指定它所依附的节点）来设置声音对象的空间位置。

第 5 章　虚拟设计中的建模技术

虚拟产品开发过程建立在利用计算机完成产品的开发过程构想的基础上，是以计算机仿真和产品生命周期建模为基础，集计算机图形学、人工智能、并行工程、网络技术、多媒体技术和虚拟建模技术等为一体，在虚拟的条件下，对产品进行构思、设计、制造、测试和分析。它的显著特点之一就是利用存储在计算机内的数字化模型——虚拟产品来代替实物模型进行仿真、分析，从而提高产品在时间、质量、成本、服务和环境等多目标优化中的决策水平，达到全局优化和一次性开发成功的目的。

虚拟产品模型的虚拟性有三层含义：其一，它意味着完全数字化的方法；其二，在虚拟企业的意义上又通过网络分布的方式来共同表达设计思想；其三，它使用多媒体技术和虚拟现实技术。

5.1　虚拟建模的类型

虚拟对象是虚拟环境中的主要元素，产品的虚拟再现是通过建模实现的。一般情况下，对象具有静态特征，包括位置、方向、材料和属性等特征，还具有动态特征，它反映对象的运动、行为、约束条件（如碰撞检测与响应）等。

虚拟对象的建模既要考虑对象的静态特征，也要考虑对象的动态特征。虚拟环境中的模型就是实际的或者想象中的物体或对象的数学表示。它给出对象的结构和性能的描述，并能产生出相应的图形。创建模型的过程就是抽象出要建模对象的特征并把它表示出来，然后利用模型实现这些特征。对一个物体的抽象可以分为四个层次：

1) 把物体抽象为一幅图像，这是最初计算机图形学的内容。

2) 将物体抽象为一个形状。

3) 进行物理的抽象，由物理性质控制对象行为通过物理模拟来实现。

4) 添加约束。约束描述的是用户的需要，是用户与模型交互的通道，要使对象的行为符合物理实际，需要经过约束才能实现。当物体具有约束后，物体便具有了可控制性，用户就可以控制物体的行为。

除了对物体第一个层次的抽象外，其他三个层次的抽象所建立的模型分别称为虚拟实体对象的几何模型、物理模型和行为模型。对应于这些模型的建模过程称为几何建模、物理建模和行为建模，这些建模技术都属于视觉建模。其中，从 CAD 的几何造型到物理模型，即从考虑几何数据、拓扑关系的模型到考虑包括是否刚体、弹性体、质量、转动惯量和表面光滑程度的物理性质的模型。

虚拟环境中的建模技术还有听觉建模，通过它可以把交互的声音响应增加到用户和虚拟实体对象的活动中。如果把心理学运用到建模中，就能赋予每个对象一定的情感特征，比如喜欢什么或者不喜欢什么，这种建模方法可称为基于心理学的建模（emotionally based modeling）。虚拟环境建模的主要类型如图 5.1 所示。

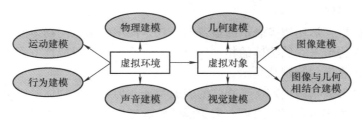

图 5.1　虚拟环境建模的主要类型

设计出的虚拟模型能否直接真实反映研究的对象，直接决定了能否满足虚拟现实的三大特征（沉浸性、创想性和交互性）以及整个系统的可信度。因此，建模及场景合理优化在虚拟设计过程中尤为重要。

5.2　几何建模

几何建模作为 CAD/CAM 系统的核心部分，其发展随着二维 CAD 系统和之后的三维实体建模技术的发展而不断进步。几何建模的更高级的应用是动态过程的仿真、图形的数据处理、有限元分析和动画片制作等。

几何建模的基础包括拓扑学、解析几何学、微分几何学、投影几何学、集合论和矩阵代数学等多门学科，这些学科的交叉融合形成了理论和应用信息科学的专业领域，如软件工程、数据结构和图论等。各种领域的组合构成几何建模的基础。

几何模型描述的是具有几何网格特性的形体，它包括两个主要概念：拓扑元素（Topological Element）和几何元素（Geometric Element）。拓扑元素表示几何模型的拓扑信息，包括点、线、面之间的连接关系、邻近关系及边界关系。几何元素具有几何意义，包括点、线、面等，具有确定的位置和度量值（长度和面积）；这些构成模型的几何信息。

几何建模在广义上包括在计算机上处理几何对象的所有方法。这个概念随着计算机几何信息处理技术的不断发展得到了扩展和部分新的解释。一般来说，用计算机在图形设备上生成具有真实感的三维几何图形必须完成以下四个步骤：

1）建模：即用一定的数学方法建立所需三维场景的几何描述，场景的几何描述直接影响图形的复杂性和图形绘制的计算消耗。

2）将三维几何模型经过一定变换转为二维平面透视投影图。

3）确定场景中所有可见面。

4）计算场景中可见面的颜色，即根据基于物理的光照模型计算可见面投影到观察者眼中的光亮度和颜色分量，并将它转换为适合图形设备的颜色值，从而确定投影面上每一像素的颜色，最终生成真实感图形。

5.2.1　数学原理

随着软件技术水平的发展，几何建模的手段越来越多，总体而言，可归纳为两大类：Polygon（多边形）建模和 NURBS 建模。在 Maya 中，还有细分建模方法，属于二者相结合的技术。无论采用何种建模软件，同类的建模方法其数学原理大致相同。

1. Polygon 网格建模

三维图形物体中，运用边界表示的最普遍方式是使用一组包围物体的多边形，很多图形系统用一组表面多边形来存储物体的相关信息。由于所有表面以线性方程加以描述，所以可以简化并加速物体表面的绘制和显示。

多面体的多边形表精确地定义了物体的表面特征，但对其他物体，则可通过把表面嵌入到物体中来生成一个多边形网格逼近。由于线框轮廓能以概要的方式快速地显示多边形的表面结构，因此该表示方法在实体模型应用中被普遍采用。

（1）多边形表　用顶点坐标集和相应属性参数可以给定一个多边形表面。一旦每个多边形的信息给定后，它们被存放在多边形表中，便于以后对场景中的物体进行处理、显示和管理。多边形表可分为两组：几何表和属性表。几何表包括顶点坐标和用来识别多边形表面空间方向的参数。属性表包括透明度、表面反射度的参数和纹理特征等。

存储几何数据的一个简便方法是建立几何表，包括顶点表、边表和面表。物体中的每个顶点坐标值存储在顶点表中。含有指向顶点表指针的边表，用于标识多边形每条边的顶点。面表含有指向边表的指针，用于标识多边形的边，如图 5.2 所示。

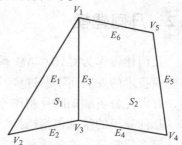

图 5.2　两相邻多边形面 S_1 和 S_2

在表 5.1 中，列出了顶点、边、面的几何数据，以便于引用每个物体的单个组成部分（顶点、边、面）。同时，用边表中的数据画出组成物体的线，可以得到物体的有效显示。

表 5.1　几何表

顶　　点	边	面
$V_1: x_1, y_1, z_1$ $V_2: x_2, y_2, z_2$ $V_3: x_3, y_3, z_3$ $V_4: x_4, y_4, z_4$ $V_5: x_5, y_5, z_5$	$E_1: V_1, V_2$ $E_2: V_2, V_3$ $E_3: V_3, V_1$ $E_4: V_3, V_4$ $E_5: V_4, V_5$ $E_6: V_5, V_1$	$S_1: E_1, E_2, E_3$ $S_2: E_3, E_4, E_5, E_6$

（2）平面方程　三维物体的显示处理过程包括各种坐标系的变换、可见面识别与显示方式等。对上述一些处理过程来说，需要有关物体单个表面部分的空间方向信息。这一信息来源于顶点坐标值和多边形所在的平面方程。

平面方程可以表示为

$$Ax + By + Cz + D = 0 \qquad (5.1)$$

其中，(x, y, z) 是平面中的任一点的坐标，系数 A、B、C、D 是描述平面和空间特征的常数。只要顶点值和其他信息输入到多边形数据结构，就可以算出 A、B、C、D 的值并且同它的多边形数据一起存储。

高性能图形系统一般使用多边形网格建立几何属性信息数据库，以便于物体建模。利用多边形表示物体时，常常遇到这样的问题：对于一个复杂物体的高质量表示通常要求大量的细节层次和大量的多边形，同时，若这个物体要在屏幕上以不同的视距进行渲染，那么就会有很多个多边形同时投影到计算机屏幕的一个像素上，这必然导致计算机资源的浪费，并增加计算开销，这个问题可以通过层次细节法（level of detail，LOD）来解决，该技术将在场景优化中进行详述。图 5.3 所示为采用 3ds Max 软件多边形方法制作的头像的模型。图 5.4 所示为采用 Maya 软件的多边形方法建立的汽车实体模型。

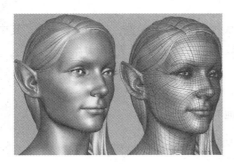

图 5.3　多边形法制作的头像模型

图 5.4　多边形法制作的汽车模型

目前，个人 PC 上的主流图形加速卡集成了多边形绘图模块，可以在一秒钟内绘制上百万乃至上千万个阴影多边形（通常是三角面），包括表面纹理和特殊光照效果的应用。

2. NURBS 曲线与曲面建模

在大多数的虚拟现实系统以及三维仿真系统的开发中，三维对象都要采用曲线与曲面的建模。因为与多边形法相比，这种方法方便快捷，且使用的面片的数量要少很多。在虚拟空间中，任意一个面片都具有确定的三维空间位置和形状，通过公式可以得到曲面上的任意点，也可以通过修改数学公式来改变面片的形状和曲率。虽然在面片结成的网中改变一个面片的形状时，很难维护它与相邻面片间连接处的光滑性，但是这种方法可以对物体进行精确或者近似的表示。

常用的参数面片有三次贝塞尔曲面和 NURBS 曲面等，图 5.5a 所示为使用任意一种 NURBS 曲线绘制的酒杯截面造型。图 5.5b 所示为修改参数后得到的酒杯造型，NURBS 比传统的网络建模方式更好地控制物体表面的曲线度，从而能够创建出更为逼真、生动的造型。

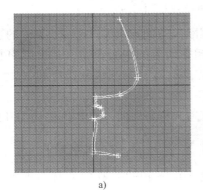

a)

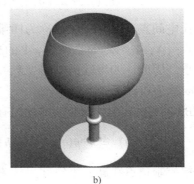

b)

图 5.5　酒杯截面造型

a）酒杯截面造型　b）经修改后的酒杯造型

（1）B 样条曲线的定义　B 样条方法是在保留了贝塞尔技术优点的基础上，克服其由于整体描述导致不具有局部性质的缺点，并在解决描述复杂形状带来的连接问题时提出来的。

基函数定义：为了保留贝塞尔方法的优点，仍采用控制顶点的方法定义曲线。为了能描述复杂形状和局部性质，改用另一套特殊的基函数即 B 样条基函数。B 样条曲线方程为

$$p(t) = \sum_{i=0}^{n} p_i N_{i,k}(t) \tag{5.2}$$

其中，p_i 为控制顶点，$i = 0, 1, \cdots, n$；$N_{i,k}(t)$ 为 k 次规范 B 样条函数，$i = 0, 1, \cdots, n$，其中每一个规范 B 样条，简称为 B 样条。它是由一个非递减的参数 t 的序列 $T : t_0 \leqslant t_1 \leqslant \cdots \leqslant t_{i+k+1}$ 所决定的 k 次分段多项式，也就是 k 次多项式样条。

$$N_{i,0}(t) = \begin{cases} 1 & （若 \ t_i \leqslant t \leqslant t_{i+1}） \\ 0 & （其他） \end{cases} \tag{5.3}$$

$$N_{i,k}(t) = \frac{t - t_i}{t_{i+k} - t_i} N_{i,k-1}(t) + \frac{t_{i+k+1} - t}{t_{i+k+1} - t_i} N_{i+1,k-1}(t) \tag{5.4}$$

式中，k 为次数；i 为序号。

以 B 样条定义为基础，拓展出了均匀 B 样条、非均匀 B 样条和非均匀有理 B 样条等概念。B 样条曲线具有以下特性：①贝塞尔曲线的一些特性同样适合于 B 样条曲线，尤其是曲线遵循控制点多边形的形状以及曲线限制在控制点凸包内；②曲线显示了变化衰减效应；③对控制点表达方式作任何放射变换都会使曲线作相应变换；④B 样条曲线显示了局部控制——一个控制点与四个分段连接（三次 B 样条曲线情况下），移动控制点只能影响这些分段。

（2）NURBS 曲线的定义　NURBS 曲线方程可以表示如下：

$$\mathrm{NURBScurve}(t) = \sum_{i=0}^{n} p_i R_{i,k}(t) \tag{5.5}$$

$$R_{i,k}(t) = \frac{\omega_i N_{i,k}(t)}{\sum_{i=0}^{N} \omega_i N_{i,k}(t)} \tag{5.6}$$

其中，p_i 为控制顶点，$i = 0, 1, \cdots, n$；$R_{i,k}(t)$ 为 k 次有理基函数，$i = 0, 1, \cdots, n$。

若以齐次坐标表示，从四维欧氏空间的齐次坐标到三维坐标的中心投影变换为

$$H\{(X, Y, Z, \omega)\} = (x, y, z) = \left(\frac{X}{\omega}, \frac{Y}{\omega}, \frac{Z}{\omega} \right) \tag{5.7}$$

其中，三维欧氏空间点 (X, Y, Z) 称为四维欧氏空间点 (X, Y, Z, ω) 的透视像，它是四维欧氏空间点 (X, Y, Z, ω) 在 $\omega = 1$ 的超平面上的中心投影，其投影中心为四维欧氏空间的坐标原点。因此，四维欧氏空间 $(X, Y, Z, 1)$ 与三维欧氏空间 (X, Y, Z) 被认为是同一点，ω 称为权因子。

（3）NURBS 曲面的定义　又称为非均匀有理 B 样条曲面。NURBS 曲面的齐次坐标表示为

$$p(t, v) = h\{p(t, v)\} = h\left\{ \sum_{i=0}^{m} \sum_{j=0}^{n} d_{i,j} N_{i,k}(t) N_{j,l}(v) \right\} \tag{5.8}$$

可见，带权控制顶点在高一维空间里定义了向量积的非有理 B 样条曲面 $p(t, v)$，$h\{\ \}$ 表示中心投影变换，投影中心取为齐次坐标的原点。$p(t, v)$ 在 $\omega = 1$ 的超平面的投影（或称透视像）$h\{p(t, v)\}$ 便定义了一张 NURBS 曲面。

5.2.2　实例分析

1. 房屋建筑的建模

以驾驶模拟器视景系统为例进行介绍。在驾驶模拟器中道路环境的逼真程度影响着模拟驾驶者的视觉判断，因此建立逼真的道路环境是至关重要的。房屋建筑与路面一起构成了驾驶模拟器视景系统的主要道路环境。MultiGen Creator 3.0 提供了建立房屋模型的模板，由于用模板生成的模型仿真度不是很高，形式也比较规整，只用它来完成了场景中简单房屋模型的建立，由模板生成的模型通常还应该根据需要进行一定的修改。由于驾驶模拟器视景系统对房屋模型的仿真度要求较高，场景中的大部分房屋模型都需要通过手工创建。

不管是使用模板还是通过手工创建，房屋建模的主要过程都可以概括为：模型设计→制作纹理贴图→创建多边形→多边形拉伸成体→细节处理→贴纹理。下面以一栋高楼的建模过程为例对房屋建模作简要介绍。

1）模型设计：模型的设计主要以数码照片采集到的建筑物模型为蓝本，并根据系统的要求对其进行合理的简化。

2）制作纹理贴图：由数码相机拍摄的照片一般不能直接使用，需要通过专业的图形工具进行处理。纹理贴图最好保存为 rgb 或 rgba 格式，长宽尺寸最好为 2 的 n 次方像素大小。图 5.6 即为制作好的房屋模型纹理贴图。

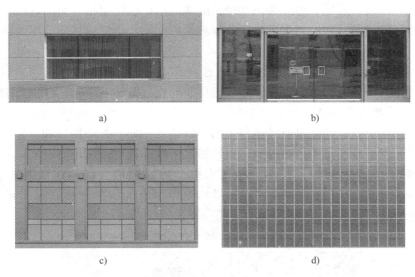

图 5.6　房屋纹理贴图

a）窗户贴图　b）门贴图　c）外墙贴图　d）幕墙贴图

3）创建多边形：根据房屋模型设计，用多边形工具（Polygon）创建房屋各横截面轮廓的多边形。

4）多边形拉伸成体：用拉伸工具（Wall）将多边形拉伸成体后，可以得到建筑物简单的轮廓。

5）细节处理：在得到建筑物的基本轮廓之后，还需要根据模型的要求进行细节处理。用切割工具（Slice）在窗户和门的部分进行必要的分割，用点焊接工具（Average Vertices）

将需要焊接的点结合在一起，最后用合并面工具（Combine Faces）将需要合并的面合并在一起，便于下一步的贴图操作。

6）贴纹理：给建好的房屋模型贴上纹理是房屋建模的最后一步，可根据房屋的形状选择合适的贴图方式，在这栋房屋的建模过程中主要使用的是3点贴图方式（Put Texture）。模型的建立过程以及最后的效果如图5.7所示。

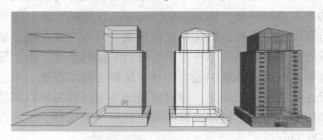

图5.7　房屋模型的建立过程以及最后的效果

2. 树和路标的建模

树和路标的建模在原理上是相同的，除非有特别的要求而需要进行精细建模，通常都是在建立的平面上贴上带通道的透明纹理，然后设置面的属性为双面显示。树的建模一般是几个（一般用两个）交叉的面上贴上树的透明纹理，而路标的建模比较简单，通常用一个面就可以了。Creator提供了布告栏模板（Billboard Wizard）或树模板（Tree Wizard）来帮助用户完成树和路标的建模，它们与手工建模的原理是相同的。下面以树的建模为例说明它们的建立过程。

1）选择树的纹理，树的纹理需要事先通过Photoshop、Creator纹理编辑器或其他图像处理软件将其转化为带通道的透明纹理，然后选用树模板（Tree Wizard）建立树的模型。

2）利用树模板（Tree Wizard），用户可以方便地创建树木的模型。模板工具会提示用户输入树的位置、尺寸、高度以及其他相关的参数信息，如是否添加纹理、是否添加树冠和阴影等。在驾驶模拟器场景中，一般只需要给树赋予纹理就可以满足要求了。

3）由于场景中树木的数量较多，在树木模型建立完成之后，还需要用重复制工具（Replicate）来复制树，可以用这种方法完成场景中所有的树的建模。图5.8所示即为用Replicate建立的部分树木模型。

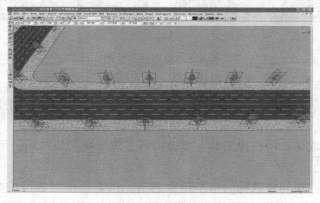

图5.8　树木的建模

5.3 基于图像的虚拟环境建模技术

由于几何建模实现真实感图像非常复杂，具有建模开销大、实时绘制慢，并且浪费大量的人力和物力等缺点，用图片代替传统的几何输入进行建模和图像合成被大家所喜爱，即图像建模和绘制技术 IBR（Image Base Rendering）。IBR 的最初发展可追溯到图形学中广为应用的纹理映射技术。

在视景系统中，基于图像的建模技术主要用于构筑虚拟环境，如天空和远山。由天空和远山构成的虚拟环境的场景对象成分非常复杂，如果都采用几何建模，不仅工作量非常大，而且大大增加了视景的运行负担。此外，天空和远山在视景系统中只起陪衬作用，不需要近距离游览。因此，以天空和远山为主要构成要素的虚拟环境最适宜采用基于图像的建模技术。与基于几何的绘制技术相比，图像建模有着鲜明的特点：

1）天空和远山构成的虚拟环境既可以是计算机合成的，也可以是实际拍摄的画面缝合而成，两者可以混合使用，并获得很高的真实感。

2）由于图形绘制的计算量不取决于场景复杂性，只与生成画面所需的图像分辨率有关，该绘制技术对计算资源的要求不高，因而有助于提高视景系统的运行效率。

5.3.1 基于图像的虚拟环境建模的技术原理

基于图像的建模技术虽然不需要真正可视化的三维网格模型，但在定义其投影形状的类型时，还是必须通过虚拟空间坐标或不可见网格进行形状上的编码约束。所以，从严格意义上讲，这种非可视化的虚拟空间坐标或网格编码也是一种"网格"，因此，可以称之为"伪三维网格"。基于全景图的图像建模技术中，采用这种方式可以定义很多类型的几何形状，如立方体、柱形、圆球体等。以立方体（Cube）投影方式为例，它由 6 幅图片按立方体的 6 个方位进行坐标编码定位。这种方式是最为经典的环境建模方法。其基本原理为：

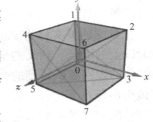

图 5.9 Cube 空间坐标

首先，定义 Cube 的虚拟空间顶点索引号（index）和坐标点（Vertex），并使其坐标轴处于 Cube 的中心，如图 5.9 所示。

```
#define PUTVERTEX(i,a,b,c)    V.x = a; V.y = b; V.z = c;
mesh -> SetVertexPosition(i,&V)
    PUTVERTEX(0,  -s,  -s,  -s);        PUTVERTEX(1,  -s,  s,  -s);
    PUTVERTEX(2,  s,  s,  -s);          PUTVERTEX(3,  s,  -s,  -s);
    PUTVERTEX(4,  -s,  s,  s);          PUTVERTEX(5,  -s,  -s,  s);
    PUTVERTEX(6,  s,  s,  s);           PUTVERTEX(7,  s,  -s,  s);
```

其次，定义立方体 Cube 的 12 个网格面。由于渲染引擎只能渲染三角网格，所有四边形都必须划分成三角网格，这样立方体 Cube 就成了 12（6×2）个面。然后把每对处于同一平面的三角网格，合并成四边形的网格面，并定义为前、后、左、右、上、下。例如：

```
mesh -> SetFaceVertexIndex(0,  2,  1,  0);        // BACK 后
mesh -> SetFaceVertexIndex(1,  2,  0,  3);
```

```
mesh -> SetFaceVertexIndex(2, 6, 2, 3);          // RIGHT 右
mesh -> SetFaceVertexIndex(3, 6, 3, 7);
mesh -> SetFaceVertexIndex(4, 4, 6, 7);          // FRONT 前
mesh -> SetFaceVertexIndex(5, 4, 7, 5);
mesh -> SetFaceVertexIndex(6, 1, 4, 5);          //LEFT 左
mesh -> SetFaceVertexIndex(7, 1, 5, 0);
mesh -> SetFaceVertexIndex(8, 1, 2, 6);          // UP 上
mesh -> SetFaceVertexIndex(9, 1, 6, 4);
mesh -> SetFaceVertexIndex(10, 5, 7, 3);         // DOWN 下
mesh -> SetFaceVertexIndex(11, 5, 3, 0);
```

在以上基础上, 再确定 Cube 的法线和材质。如:

```
mesh -> BuildFaceNormals( );                     // 法线
for( a = 0 ; a < 12 ; a ++ )
{
mesh -> SetFaceMaterial( a , NULL );             // 材质
}
```

5.3.2　基于图像的全景图环境建模技术

基于图像的建模方法（IBR）可以分成四类: 体视函数方法（Plenoptic Modeling）、光场方法（Lumigraph）、视图插值方法（View Interpolation）、全景图方法（Full – View – Mosaic or Panorama）。在视景系统中, 考虑到与其他三维对象在视觉效果、交互技术等方面的兼容性和统一性, 采用了全景图的方法创建虚拟环境。

全景图的英文称为 Panorama, 有广义与狭义之分, 广义的全景图指视角达到或接近 180°以上的取景。狭义的全景图指的是视点在某个位置固定不动, 让视线向任意方向转动 360°角, 视网膜所得到的全部图像在 IBR 中被称为"全景"。亦即当虚拟照相机位置固定, 而镜头向任意方向转动时, 可以用一幅全景轨迹图来记录所有从各个方向得到的图像元素, 在浏览时只要按照相应的视点方向显示预先存储的全景图的一部分就可以得到相应的场景输出。所以, 在该方法中, 虚拟照相机的位置被固定在一个很小的范围内, 但可以沿着三个（上下、左右、倾斜）方向转动, 相当于视点固定不动, 视线可以任意转动。

1. 全景图中的"伪三维网格"投影类型

进行重投影的"伪三维网格"类型主要有球表面（Sphere）、圆柱面（Cylinder）和立方体（Cube）表面。

（1）球面投影（Spherical Project）　人眼获取真实世界的图像信息实际上是将图像信息通过透视变换投影到眼球的视网膜上。因此在全景显示中最自然的想法是将全景信息投影到一个以视点为中心的球面上, 显示时将需要显示的部分进行重采样, 重投影到屏幕上。

球面全景是与人眼模型最接近的一种全景描述, 但有以下缺点: 首先在存储球面投影数据时, 缺乏合适的数据存储结构进行均匀采样; 其次, 屏幕像素对应的数据很不规范, 要进行非线性的图像变换运算, 导致显示速度较慢。

（2）立方体投影（Cube Project）　立方体投影就是将图像样本映射到一个立方体的表

面，这种方式易于全景图像数据的存储，而且屏幕像素对应的重采样区域边界为多边形，非常便于显示。这种投影方式只适合于计算机生成的图像，对照相机或摄像机输入的图像样本则比较困难。因为在构造图像模型时，立方体的六个面相互垂直，这要求照相机的位置摆放必须十分精确，而且每个面的夹角为90°，才能避免光学上的变形。另外这种投影所造成的采样是不均匀的，在立方体的顶点和边界区域的样本被反复采样。更有甚者，这种投影不便于描述立方体的边和顶点的图像对应关系，因为很难在全景图上标注边和顶点的对应点。

（3）柱面投影（Cylinder Project）　所谓柱面投影，就是将图像样本数据重投影到圆柱面上，和前两种投影方式相比，柱面投影在垂直方向的转动有限制，只能在一个很小的角度范围内。

但是柱面投影有其他投影方式不可比拟的优点，首先是柱面能展开为一个平面，可以极大地简化对应点的搜索；其次是不管是计算机产生的图像还是真实世界的图像，都能简单便捷地生成柱面投影，并且快速地显示图像。在驾驶模拟器视景系统开发中，基于图像的全景图环境建模投影主要以球面投影和立方体投影为主。

2. 全景图像的采集、投影与生成技术

全景图建模技术是指在一个场景中选择一个观察点，固定广角照相机或摄像头，然后在水平方向每旋转一个固定大小的角度（满足相邻照片的重叠部分达到20%以上）拍摄得到一张照片，再采用特殊拼图工具软件拼接成一个全景图像。其实现过程如下：

（1）获取序列图像　选好视点后，将照相机固定在场景中，水平旋转照相机，每隔一定角度拍一张照片，直到旋转360°为止，相邻两张照片间的重叠范围在30%～50%之间。拍摄球形的全景照片在此基础上，沿垂直的方向，分别向上、向下每隔一定角度拍一张照片，直至拍完360°为止。模拟专业拍摄的方式，针对柱形、球面、立方体等投影方式进行图片采集。如图5.10所示，球面投影用全部30张图片，柱面投影用中（1～10）张图片。

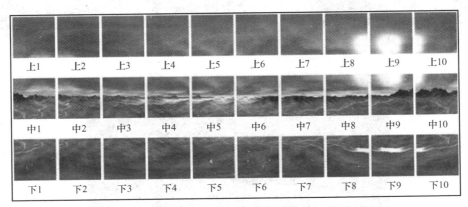

图 5.10　用计算机模拟实际拍摄效果获得的局部图片

（2）图像的特征匹配技术　在求解匹配矩阵以实现图像的插补和整合的过程中，要以相邻图像的对应匹配点为计算参数。对应点指在序列图像中，同一点在相邻图像的重叠区域形成的不同的投影点。特征匹配是图像缝合的关键，用于除去图像样本之间的重复像素。

（3）基于加权算法的平滑处理　拼接而成的图像含有清晰的边界，痕迹非常明显。为消除这些影响，实现图像的无缝拼接，必须对图像的重叠部分进行平滑处理，以提高图像质量。设图像 1 和图像 2 在重叠部分中的对应点像素值分别为 rgb1 和 rgb2，拼接后的图像重叠区域中像素点的值为 rgb3，加权后的像素值为 Mid，其加权算法为

$$\text{Mid} = k \times \text{rgb1} + (1 - k) \times \text{rgb2},\tag{5.9}$$

权值 k 属于（0，1），按照从左到右的方向由 1 渐变至 0。

（4）缝合并生成全景图　图像采用以上特征匹配和加权算法平滑处理以后，通过重渲染技术，把各个分开的图像"缝合"（Stitching）起来。

得到了拼接或缝合起来的全景图像，就有了当前视点的所有视景环境的图像数据。这些图像数据必须通过重投影的方式投影在前文（5.3.1 节）所述的"伪三维网格"上。该方法的思路是：将场景图像数据投影到一个基于"伪三维网格"的简单形体表面，在视点位置固定的情况下，用最少的代价将图像数据有效地保存，并且与视景中的其他几何模型同步显示出来。根据球面投影技术渲染生成基于球面的全景图像重建，即：将 30 张序列照片投影到拍摄它们时的成像平面上，则这些序列照片可无缝拼接成包括顶部和底部的球面空间全景图（如图 5.11 所示），图 5.12 为球面投影全景图的平面展开。如果需要，根据立方体的投影技术渲染生成基于立方体（Cube）的全景图像重建，图 5.13 为平面展开的立方体投影全景图。

图 5.11　球面投影

图 5.12　平面展开的球形投影全景图

图 5.13　平面展开的立方体投影全景图

5.3.3　图像插值及视图变换技术

图像插值及视图变换技术是根据在不同观察点所拍摄的图像，以相邻的两个参考图像所决定的直线为基准，交互地给出或自动得到相邻两个图像之间的对应点，采用插值和视图变换的方法求出对应于其他点的图像，生成新的视图。

图像插值及视图变换技术包括两个关键问题：一个是图像变换（image warping），即从已知图像的对应特征（点或线）推演出一组相应的变换函数（warp function），也称为传递函数（transition function）。在图像变形过程中，一组传递函数使源图像沿着目标图像的方向扭曲，如图 5.14 所示，WS_1、…、WS_i、…、WS_n 等都为中间图像。同时另一组传递函数又使目标图像沿相反方向扭曲变形，WE_1、…、WE_i、…、WE_n 等都为逆中间图像。这两列中间图像形成了两个相对的时间序列。色彩变换是另一个关键问题，与图像变换相反，它只改变像素的色彩，而不改变其坐标。色彩变换将两个图像序列中位于同一时刻的两幅变形中间图像融合成该时刻的一个中间图像，I_1、…、I_i、…、I_n 中间图像分别是序列 WS_1、…、WS_i、…、WS_n 和序列 WE_1、…、WE_i、…、WE_n 融合而成的。

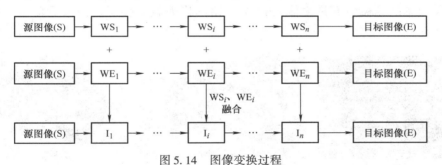

图 5.14　图像变换过程

图像变换过程对于图像变换方法的算法很多，最流行的方法有基于网格的图像变换算法、基于域的图像变换算法和小波变换算法。

基于网格的图像变换算法是首先在源图像和目标图像中指定一组对应网格点，并利用网格点拟合样条形成一对可视的样条网格。把网格看作坐标系统，则图像的变换就可以看作一组网格内一个坐标系向另一个坐标系的变换。基于域的图像变换算法是首先利用源图像和目标图像中对应的位置求得几何特征线段集，然后根据每个点的移动都会受到多条线段的影响，通过加权平均每个特征线段对该点位置的改变来计算每个点在变换时的位置。基于网格和基于域的图像变换算法有一个共同的特点是非常耗时，计算时间取决于图像分辨率和特征数目。由此，提出了小波变换算法。关于小波变换算法可以查看相关的图形学书籍。

对于采用图像插值与视图变换技术进行对象建模，可分为以下几步。

（1）采样　使用照相机或摄像头等光捕捉设备，从不同的角度对物体进行拍摄，获得所需要的照片样本。

（2）立体匹配　获取两幅图像之间的变换函数，这是几个步骤中最困难的一个。由对应特征（点或线）构造从第一幅图像到第二幅图像之间的映射函数。再根据变换函数在第二幅图像中找到第一幅图像的其余的特征点或线。

（3）插值与视图变换　利用插值与视图变换算法生成中间图像。

（4）优化处理　目的是使图像边缘的表现更完美。

5.4　图像与几何相结合的建模技术

从以上分别对几何建模与图像建模的技术分析可知，二者各有所长，合理使用才能发挥各自优势。

由于人们对图形图像仿真效果不遗余力的追求，任何顶级的图形工作站在严酷的仿真环境下都变得像蜗牛一样慢。如何在不损失或尽量减少效果损失的前提下，提高系统的运行效能仍然是研究人员所关注的课题。图像与几何结合的建模技术可以最大限度地挖掘建模技术的潜力，把高仿真度的图像映射于简单的对象模型，在几乎不降低三维模型真实度的情况下，可以极大地减少模型的网格数量。如图 5.15 所示，分别为几何建模与图像建模的车轮网格对比，左边的车轮全部采用三维网格建模，包括外胎的所有凹凸齿纹。因此其三角网格面的数量达到了 12293 个；右边的车轮采用简单几何模型与外观图像相结合，其最终的三角网格面的数量只有 60 个，几乎达到了 205∶1 的模型优化率。由于车轮在汽车的建模中不是主体，60 个三角网格面就足够了。如果更精密一些也只要200 个左右的三角面。

图 5.15　几何建模与图像建模的车轮网格对比

5.4.1　模型 + 贴图

模型 + 贴图形式的原理是根据不同视角的被建模物体的照片，通过建模软件多视图的点、线位置采样，然后分区块构建模型。模型 + 贴图的过程分为以下四步：

（1）准备工作　基于图像与几何相结合的对象建模是利用照相机从不同的角度对对象进行拍照，通常为前、后、左、右、顶方向，然后使用对象照片重新进行空间位置和形状上的还原，形成三维的模型。因此，各视图图片的采集或拍摄非常关键。当然，如果没有合适的图片，可以把高精度的建筑物实物模型导入三维建模软件进行各视图的采集。

（2）外轮廓线的创建　利用三维空间信息创建建筑物外形，建筑物的外轮廓的创建是建模的关键步骤。

轮廓线必须与建筑物的结构有关，通常为每个相邻面之间的分界线。从多张照片中创建视图的轮廓线。

（3）构造三维模型　运用 3ds Max 软件边界线造型命令，根据所画的轮廓线依次创建三维曲面，在保证对象外形的情况下，做最大限度的优化，利用立体视觉算法精细化模型，使所有对象面浑然一体，以便于图像的拟合。

（4）贴图　模型表面的纹理和质地是贴图实现的，即由图像代替了几何建模，较真实地再现了物体的细节，并减少了系统的运行时间。当然，在贴图时必须采用相应的方法产生逼真的效果。例如采用遮罩通道，让需要镂空或透明的地方产生类似效果。

5.4.2　背景＋模型

在虚拟环境中，并非所有的虚拟对象都被用户操作。操作对象是虚拟仪器（实验设备），而环境背景，如墙壁和窗户，仅仅是为了再现真实环境，使人有身临其境的感觉而设计。

背景＋模型的建模方式，即采用几何建模构建结构清晰、可实时动态交互的几何模型，而对于仅用于浏览观看且结构复杂的虚拟背景，例如壁画等，采用图像建模方法。两种方法融合而成的虚拟环境，不仅解决了运行速度的问题，又使环境具有高度的真实感。图 5.16所示为运用背景＋模型的建模方式生成的虚拟场景。

图 5.16　数控加工的虚拟场景

5.4.3　实例分析

以工业设计为目的的汽车建模通常采用曲面（NURBS）生成技术，更注重建模的过程和所采用的建模方式，这有别于以虚拟交互技术为目的建模。以虚拟交互技术为目的建模更注重结果，无论什么方式，如何成型，只要结果符合虚拟交互技术的需要（尽可能少的三角面，尽量多的图像细节）即可。因此，根据多个不同视角的汽车照片，通过建模软件多视图的点、线位置采样，然后分区块成型，这些建模都在 Maya 中完成。

（1）准备工作　基于图像与几何相结合的汽车建模从本质上讲，就是把五个视图（前、后、左、右、顶）的汽车照片重新进行空间位置和形状上的还原。因此，汽车各视图图片的采集或拍摄非常关键。如果没有合适的汽车照片，可以利用高精度的汽车模型导入三维建模软件进行各视图的采集。由于汽车的左右位置对称，因此，可以只取一侧的汽车图片。所有各视角的汽车图片都必须进行长、宽、高三个位置的一一对位，如侧视图的长度与顶视图的长度一致；前、后视图的高度与侧视图的高度一致；顶视图的高度与前、后视图的宽度一致。在 Photoshop 中，这些图片按各个视图的名称分别进行保存，并输入三维建模软件 Maya 中，如图 5.17 所示。然后建立一个立方体（Cube），调整长、宽、高的比例，使之与各视图的汽车图片的比例一致，按如图 5.18 所示的位置贴图，最后删除不需要的面。

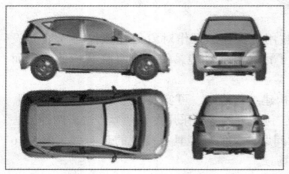

图 5.17　用于建模参考的汽车图片　　　　　　图 5.18　四个视角的参考图片

（2）根据三维空间信息创建汽车外形　由于汽车外观左右对称，实际上只需创建左半侧的汽车模型，另一半根据左侧的创建结果，采用镜像复制完成。作为几何建模与图像建模的结合，不需要创建过于细致的三维模型，所以轮廓线尽可能概括一些，但位置一定要精确，否则以后的图像贴图对位将遇到问题。

汽车外轮廓线的创建是建模的关键步骤。轮廓线的划分必须根据汽车的结构，分为前、后、侧、顶四大块，如图 5.19 所示。实际上，轮廓线的本质就是每两个相邻面之间的分界线。先创建侧视图的轮廓线，然后以此为依据，采用曲线捕捉功能（Snap to Curves），根据需要，不断地在各个视图中切换、捕捉三维空间位置的信息，从而创建其他面的轮廓曲线。为保持所有曲面的一致性，各个面统一定义为由四根轮廓线组成。

最后，运用 Maya 的边界线造型命令 Boundary，根据所画的轮廓线依次创建三维曲面，结果如图 5.20 所示。在保证车身外形的情况下，做最大限度的优化，通过镜像复制另一半车身，最终形成完整的汽车外形。车身各个面是相对独立的，但合起来必须浑然一体，以便于汽车图像的拟合，如图 5.21、图 5.22 所示。

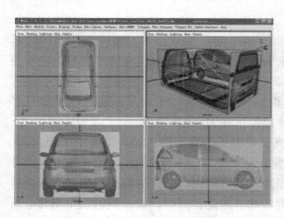

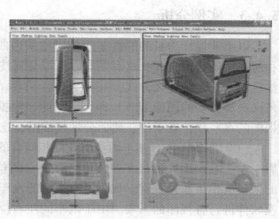

图 5.19　创建三维轮廓线　　　　　　　　　图 5.20　创建三维曲面模型

图 5.21　几何 Shell 与图像的对应

图 5.22　车窗和汽车外观质感

（3）几何与图像的组合——汽车的最后成型　尽管几何与图像相结合的建模方法的本质还是模型加纹理贴图。但作为一种建模技术理念，图像在这里所起的作用已经超越了纯粹纹理贴图的意义，成了建模的"一分子"。这意味着本应由几何建模起到的作用，部分地由图像来承担。这有点类似于 Bump（凹凸贴图）的理念，二维伪装三维，三维掩映二维，虚虚实实，以假乱真，以至真假莫测，这才是几何与图像相结合的建模方法的精髓。以该汽车的建模为例，图像至少还起到了以下作用：

1）代替实体汽车的车窗、玻璃。这种方法采用了遮罩通道（Alpha），让需要镂空或透明的地方产生类似效果。

2）模拟汽车外观的局部造型，如车门的三维边饰、弧形立体视觉效果、凹槽等。这种模拟方式对图像的光照方向要求很高。由于汽车属于活动的三维物体，没有绝对固定的光照和阴影，所以要求采集汽车图像时的光照处于正平光或没有明显方向感的自然光，产生的阴影才能与汽车浑然一体。

最终，几何与图像相结合产生的对比效果如图 5.23 所示。左侧为纯几何建模（除了车牌），模型的三角面数量达到了 101755 个，这对于以实时交互为目的的虚拟现实场景而言，是一个极大的负担。右侧的汽车为几何与图像相结合的建模，三角面的数量只有 814 个，是纯几何建模的 1/125，而三维视觉效果并不比左边逊色多少，经在虚拟环境测试，其运行的帧速率提升非常显著。

图 5.23　几何与图像的最终统一

5.5　场景优化技术

通过几何建模一般得到的是一个复杂的模型，大量的多边形，使得绘制速度大大降低。任何应用都可能面对建模复杂度的问题，在建立模型中可采用几个办法，如模型分割、多细节层次（LOD，level of detail）、纹理映射、内存管理等。主要介绍模型分割技术和多细节层次技术。

5.5.1　模型分割技术

模型分割技术是指将场景中的模型分割为相对较小的单元。所以，当模型被分割后，只需要绘制视景中可见的模型面，这样就减小了计算的数据量，加快了场景绘制的速度。单元分割是一种典型的模型管理技术。而视角与物体的远近也影响场景的绘制。当离物体较远时，物体绘制很简单，但当离物体较近时，物体绘制的复杂度也会增加。

在建造场景模型的过程中，采用面向对象的思想和方法，可以针对具体的训练任务或科目来设计相应的视景模型。在整个视景的范围内，用区域划分的方法组织视景结构，将视景模型化整为零。例如，开发针对驾驶员初级训练的场地驾驶视景子模型，或者是夜间行驶的视景子模型等。按照这种思想开发的视景模型，由于进行了功能模块的划分，减少了场景数据库的遍历时间，既提高了模拟器训练的交互实时性，又便于训练，易于进行扩展，其构成如图 5.24 所示。

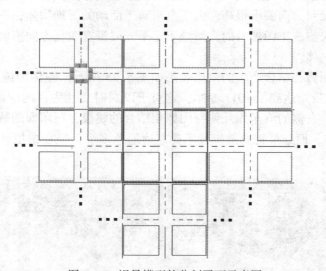

图 5.24　视景模型的分割平面示意图

在一个视景子模块中，各种几何实体的数量也非常大，需要根据实际情况进行视景的具体规划，并对其中的几何体分别进行建模。每个子模块由地形表面（包括各种地表特征物）和其上的各种静态对象（如树木、建筑物等）组成。在实时交互与三维地形环境绘制时，只处理观察者视线范围内的子模块，视野内的场景由视锥体来计算其中的多个组成子模块，只有在当前视野范围内的环境模型单元对象被渲染，才可以减少环境模型的复杂度。

5.5.2　多层次细节技术

多细节层次（LOD）技术是指对同一场景或场景中的物体，用具有不同细节的描述方法得到一组新模型的技术。根据观察点的位置决定模型细节的选择，以减少图形处理的复杂度，提高图形生成效率，达到实时动态绘制要求。其设计思想是：当离物体较近时，观察到的物体很清晰，需要绘制的多边形较多；当离物体较远时，物体比较模糊，只需要绘制少量的多边形，这样的实现方法减轻了场景的负荷，提高了仿真实时的交互性。LOD 的实现分为两步：

1）物体建造一组详细程度不同的模型。

2）建立好约定，即怎样根据物体离视点的距离来调用相应的模型。

为物体建造一组详细程度不同的模型的关键是数据模型的简化。通过利用一定的简化方法对相应的目标进行简化分级，形成一组详细程度不同的 LOD 数据模型。将这一组 LOD 模型根据细节的详细程度从多到少进行排序，并用序列号（$1,2,\cdots,N$）给以标识，以便计算机进行选择，同时，简化的对象不仅可以是一个目标，也可以是该目标下的各个子目标。比如，不仅可以对车身建立一组 LOD 模型，同样也可以对车轮、后视镜等建立各自的 LOD 模型组。有关分级数的大小和每一级数据模型的细节详细程度，可根据需要来确定。

通过计算视点与目标中心点间的距离，可以得到目标的视距。为每一个目标建立一个有关视距的阈值，用阈值把视距划分为不同的视距段。在选择 LOD 模型参与视景生成计算时，首先判断目标的当前视距处于哪个视距段，再找到该视距段所对应的该目标 LOD 数据模型的标识号，调用标识号所指向的 LOD 模型来引入该目标并完成视景生成。

还可以在最近和最远处增设两个视距段，当视距小于最近视距段或大于最远的视距段时，认为该目标处于不可见位置，则该目标的数据模型不参与视景的生成。同时，为减小两个 LOD 模型间视觉上的跳跃现象，还可采用透明技术在视景生成时将相邻的两个 LOD 模型进行加权融合，即当视距处于视距段的交接域时，同时采用两个 LOD 模型参与计算，使用透明的效果来生成一个过渡模型，以减小在切换相邻的两个 LOD 模型时视觉上的跳跃现象，图 5.25 表示了 LOD 模型与视距间的对应关系。

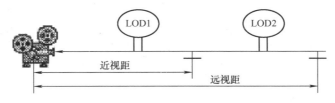

图 5.25　LOD 模型与视距间的对应关系

（1）纹理映射技术实现的过程中 LOD 技术的使用　纹理映射实现的过程中，LOD 的实现主要步骤如下：首先，准备好一组精细程度和大小不同的纹理图片。然后，建立各种纹理图片与视距之间的对应关系。调用时，根据物体的大小变化来选用相应大小与精细程度的图片来做纹理贴面。当纹理的几何面离视点较远时，选用较小的纹理图片，这样可以提高映射率和虚拟景象的实时性，同时减少了点与点之间的纹理映射量。

（2）粒子系统中使用 LOD 技术 在实际中，远处的雨雪少，近处的雨雪多，当观察点移动时，雨雪的分配区域也发生着相应的变化，在该种情况下使用 LOD 技术实现粒子系统的具体算法为：首先，求出视点与包围盒中心的距离 D。当 D 小于某一预设近距离时，就用四边形来代替，显示的粒子比较大；当 D 大于某一预设近距离而又小于某一预设的远距离时，就用线来代替粒子的形状；当 D 大于预设的远距离时，就用点来表示。

以上的模拟充分体现了降水的动态变化，在视觉效果上也提高了真实感和层次感。在实际应用中，四边形用四个顶点来存储，线用两个顶点来存储，所以，也提高了系统运算的实时性。

第6章　虚拟加工系统的设计与开发

6.1　虚拟加工仿真综述

6.1.1　定义

虚拟制造（Virtual Manufacturing，简称VM）的概念从20世纪90年代由美国人提出后，一直是机械制造研究领域的热点。虚拟制造通过搭建虚拟的生产环境，模拟真实的制造过程，是一种多学科融合的系统技术。虚拟制造技术可用于产品全生产过程，在产品设计阶段，借助建模与仿真技术，对产品加工制造进行预测与评价，从而更高效地组织生产，并帮助改进加工工艺，提前发现可能出现的设计缺陷与工艺问题，从而降低生产成本。

6.1.2　国内外研究现状

国外对数控加工中的几何仿真研究起步较早，早在20世纪70年代，多数CAD/CAM系统采用线框图来实现数控加工过程的仿真和验证。最早将实体建模技术引入虚拟加工仿真的是Voelcker和Hunt，他们使用三维建模技术在系统中自动验证NC代码的正确性。CL Ming等通过刀具扫描体和工件模型的布尔运算进行材料切除的加工仿真，该算法不仅具备几何验证能力，同时可以进行有效的公差检查。Van Hook开发了基于Z-Buffer方法的仿真系统，将切削过程仿真简化为一维布尔运算，极大地提高了仿真的实时性。

国内由于计算机仿真技术及数控加工技术起步都较晚，几何仿真技术发展与国外相比有一定差距。从20世纪90年代开始，我国有一些高校就已经开始进行相关研究了。清华大学开发的三维数控仿真软件NCMSS，可以进行车削数控仿真。哈尔滨工业大学与清华大学合作开发的NMPS系统，采用光纤追踪算法，较好地解决了加工仿真过程中的碰撞检测问题。

随着工业4.0概念的形成及完善，越来越多的高校及企业对数控加工仿真技术的研究加大了投入，并且已经取得了显著的成果。但现在的数控仿真加工系统更多地集中在简单的轴类车削以及铣削加工中，其加工仿真方法也基本大同小异，通过构造刀具扫描体与工件的实体模型，对其进行布尔运算，并使用OpenGL的双缓存技术实时地显示工件毛坯的实体模型变化，实现加工仿真。该技术已经基本成熟，但这种方法会进行大量的浮点计算，对仿真的实时性有一定的影响，故现在大多数的研究集中在如何优化模型与图形显示上。

6.2　虚拟加工系统设计

6.2.1　系统总体结构

使用面向对象的编程思想，可以采用模块化的方法来设计虚拟加工仿真系统。将系统的每一个功能独立地作为一个模块来开发，然后将所有模块进行整合，构成整个系统，这样不仅使得开发思路更加清晰，也方便各模块间的代码共享与后期新功能的添加。

人机交互接口用于传递人与计算机之间的信息流，如导入 NC 代码、场景模型等，可以通过常见的交互设备（如鼠标、键盘等）控制仿真加工的开始、暂停、结束等，并将仿真结果反馈给用户。

NC 代码翻译器用于将标准的 NC 代码翻译成程序可以读取的数据，加工仿真显示则是将所有的实体模型（如机床、刀具、工件毛坯等）以三维实体模型的形式显示出来。

加工仿真器用于具体的仿真数控加工的算法实现，根据 NC 代码翻译器提供的数据进行运动驱动，通过碰撞检测实现材料去除与干涉检查，自定义操作器实现场景漫游，通过更新回调完成仿真渲染，显示加工动画。

6.2.2　虚拟加工系统开发技术路线

虚拟加工系统开发技术路线如图 6.1 所示。主要包括虚拟模型的构建和虚拟加工过程仿真与交互式展示。

虚拟模型构建主要包含 3 个部分：①场景建模：使用树状场景图来组织虚拟场景模型，通过深度遍历寻找运动节点；②工件建模：将工件模型离散化，在仿真过程中将切屑从场景中移除；③加工代码：自动读取加工代码，驱动刀具与工件实现有序复合运动。

虚拟加工仿真的实现主要包含 4 个部分：①切削仿真：将离散的切屑模型从场景中移除，达到切削仿真的目的；②仿真渲染：通过更新回调机制实现工件、刀具及机床的联合运动，实现仿真动画效果；③运动控制：仿真系统响应键盘操作，实现对加工开始、暂停、结束等运动的控制；④虚拟场景漫游：自定义漫游器，实现路径漫游以及用户漫游。

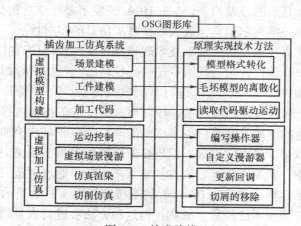

图 6.1　技术路线

6.3　虚拟模型构建

在数字空间中模拟现实世界中的对象和状态，就需要将现实世界中的对象、对象之间的关系、对象之间的相互作用及发展变化所遵循的规律映射为数字空间中的数据关系，这一过程称之为建模。

6.3.1　虚拟加工仿真场景建模

加工仿真时，机床的支承导轨部分是不动的，运动的是刀具（包括刀架）和零件（包括夹具），所以在模型处理时将具有相同运动模式的部件划分成组，以便控制它们的运动。在虚拟现实仿真中，需要将三维模型进行三角面片化，获得三角面片的顶点坐标、法线坐标、纹理坐标等，便于进行空间变换。场景构建流程如图 6.2 所示。

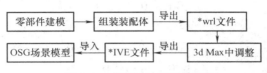

图 6.2　虚拟场景模型构建

场景图的树状结构如图 6.3 所示。顶部是一个根节点，使用 Group 组节点构成整个虚拟仿真场景，其下延伸子组节点，每个子组节点中均包含了几何信息和用于控制外观渲染状态的信息。为了可以控制刀具与工件的运动，两个子组节点设置了 MatrixTransform 节点，每个零部件的底层 Node 节点由其上层父节点的 MatrixTransform 节点决定其位置、旋转和动画。在场景图形的最底部，各个子节点 Node 读取 IVE 文件，包含了构成场景物体的实际几何信息。

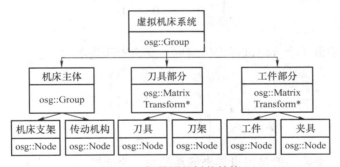

图 6.3　场景图的树状结构

6.3.2　复合运动建模过程

在虚拟仿真场景中，模型包含顶点的信息，动画本质上是各个顶点坐标的空间变换，模型中的所有顶点都被视为三维齐次顶点，包含 4 个坐标，向量 $(x, y, z, w)^{\mathrm{T}}$ 表示一个齐次顶点。这样顶点变换（旋转、平移、缩放）和投影变换（透视投影和正交投影）都可以用一个 4×4 的矩阵表示。变换矩阵依照变换类型分为 3 种：平移变换矩阵、旋转变换矩阵、缩放变换矩阵。

（1）平移矩阵

将点 (x, y, z) 沿向量 (T_x, T_y, T_z) 平移至新位置，变换矩阵可表示为

$$T = \begin{pmatrix} 1 & 0 & 0 & 0 \\ 0 & 1 & 0 & 0 \\ 0 & 0 & 1 & 0 \\ T_x & T_y & T_z & 1 \end{pmatrix}$$

（2）旋转矩阵

旋转变换是指绕某一个轴旋转 θ 角时所产生的变换。变换矩阵可表示为

绕 X 轴旋转：

$$T = \begin{pmatrix} 1 & 0 & 0 & 0 \\ 0 & \cos\theta & \sin\theta & 0 \\ 0 & -\sin\theta & \cos\theta & 0 \\ 0 & 0 & 0 & 1 \end{pmatrix}$$

绕 Y 轴旋转：

$$T = \begin{pmatrix} \cos\theta & 0 & -\sin\theta & 0 \\ 0 & 1 & 0 & 0 \\ \sin\theta & 0 & \cos\theta & 0 \\ 0 & 0 & 0 & 1 \end{pmatrix}$$

绕 Z 轴旋转：

$$T = \begin{pmatrix} \cos\theta & \sin\theta & 0 & 0 \\ -\sin\theta & \cos\theta & 0 & 0 \\ 0 & 0 & 1 & 0 \\ 0 & 0 & 0 & 1 \end{pmatrix}$$

（3）缩放矩阵

缩放变换将模型沿 3 个方向进行比例缩放。变换矩阵表示为

$$T = \begin{pmatrix} S_x & 0 & 0 & 0 \\ 0 & S_y & 0 & 0 \\ 0 & 0 & S_z & 0 \\ 0 & 0 & 0 & 1 \end{pmatrix}$$

坐标矩阵的基本变换一般是以世界坐标系的原点为变换中心，当部件不是绕世界坐标系的原点旋转时，在进行变换的过程中会出现一些意想不到的错误。例如在插齿加工仿真时，刀具应绕自身轴旋转，但当插齿刀的轴与 OSG 世界坐标系的 Y 轴不重合时，刀具会绕着另一个轴旋转。

6.4 插补算法

插补计算就是数控机床根据输入的基本参数（起始点坐标、进给速度等），通过计算，边进给边向机床发送命令。仿真加工系统也通过插补算法实现刀具的运动，对于直线或圆形加工轨迹，可以直接使用直线插补与圆弧插补，对于非圆弧形，则通过直线或圆弧不断地逼近弧形的方法进行插补，所以插补计算主要进行的是直线插补与圆弧插补。

6.4.1 直线插补仿真

直线插补仿真原理如图 6.4 所示，在各象限略有区别，但思路是相同的，即首先确定通过原点 O 与刀具轨迹终点 E 的连线 L，判断刀具当前点 C 位于 L 的上方还是下方，然后进行

偏差判别，根据偏差判别的结果进行进给运动。

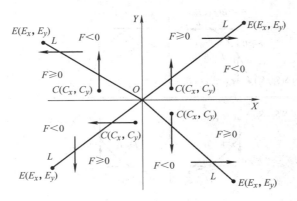

图 6.4　直线插补仿真原理

进行偏差判别时，定义偏差判别公式为

$$F_i = C_y \times E_x - E_y \times C_x \tag{6.1}$$

为了方便计算，当点 C 位于直线 L 上，即 $F=0$ 时，归纳到 $F>0$ 的情况，则图中清晰地表明了各象限中的偏差判别与进给方向。

如在第一象限时，当点 C 在直线 L 下面时，$F<0$，刀具沿 Y 轴正方向移动一个单位，到点 (C_x, C_y+1)，此时，新偏差为

$$F_{i+1} = (C_y+1) \times E_x - E_y \times C_x = F_i + E_x \tag{6.2}$$

当点 C 在直线 L 上面时，$F \geq 0$，刀具沿 X 轴正方向移动一个单位，到点 (C_x+1, C_y)，此时，新偏差为

$$F_{i+1} = C_y \times E_x - E_y \times (C_x+1) = F_i - E_y \tag{6.3}$$

另三个象限同理，终点判别可以比较 C 点与 E 点坐标是否相同，当到达终点时则停止插补。

6.4.2　圆弧插补仿真

圆弧插补仿真的步骤和直线插补是一样的，一般以圆心为原点，通过圆弧的起点与终点的坐标值来进行插补，如图 6.5 所示，圆弧的圆心在坐标轴原点 O，起始点坐标为 $S(S_x, S_y)$，终点坐标为 $E(E_x, E_y)$，刀具当前点坐标为 $C(C_x, C_y)$，偏差判别只需判断当前点位置是否在圆弧内，从而决定插补的进给方向。

进行偏差判别时，偏差判别公式为

$$F_i = C_x^2 + C_y^2 - R^2 \tag{6.4}$$

其中，R 为圆弧的半径，当点 C 在圆弧上，即 $F=0$ 时，归到 $F>0$ 的情况，则不论在哪个象限，当点 C 在圆弧内时，$F \geq 0$，在圆弧外时，$F<0$。由图 6.5 可以清晰地看出在各象限中插补的进给情况。

在第一象限，当 $F<0$ 时，刀具沿 Y 轴正方向进给，新偏差为

$$F_{i+1} = C_x^2 + (C_y+1)^2 - R^2 = F_i + 2C_y + 1 \tag{6.5}$$

当 $F \geq 0$ 时，刀具沿 X 轴负方向进给，新偏差为

$$F_{i+1} = (C_x-1)^2 + C_y^2 - R^2 = F_i - 2C_x + 1 \tag{6.6}$$

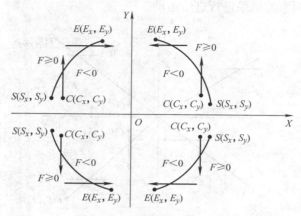

图 6.5　圆弧插补示意图

　　另三个象限同理，终点判别可以比较点 C 与点 E 坐标是否相同，当到达终点时则停止插补。

6.5　基于 OSG 的虚拟数控加工场景漫游

　　虚拟数控加工系统首先需要构建一个逼真的虚拟数控加工场景，用户可以通过键盘或鼠标在场景中漫游，这样可以从多个方位、多个角度观察加工场景及加工过程。

6.5.1　虚拟数控加工场景中的实体建模

　　本系统采用 SolidWorks 创建数控车床、数控铣床等装配体，然后将其导出为 STL 格式的文件，再导入到 3DS Max 中，进行贴图、纹理、光照等技术处理。本系统的其他模型，如厂房、人物、办公设施、洗手池等是直接用 3DS Max 建模的。然后利用 OSGExP 插件，从 3DS Max 中导出 OSG 可以读取的 IVE 文件格式，如图 6.6 ~ 图 6.11 所示。

　　每个运动模块需独立建模，以便程序对其控制。厂房和车床床身是静止模型；卡盘绕其轴线做旋转运动；车刀和刀架做回转换刀运动和随溜板的进给运动；溜板做进给运动；有的加工过程需要顶尖，有的不需要，顶尖模型可显示或隐藏。

图 6.6　厂房的 IVE 模型

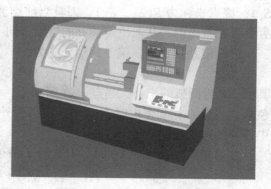

图 6.7　车床床身的 IVE 模型

图 6.8　卡盘的 IVE 模型

图 6.9　车刀和刀架的 IVE 模型

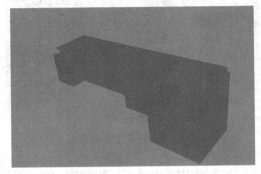
图 6.10　溜板的 IVE 模型

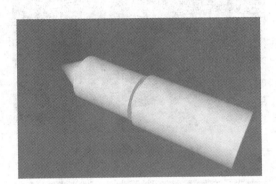
图 6.11　顶尖的 IVE 模型

6.5.2　虚拟数控加工场景的组织

　　OSG 采用场景图（Scene Graph）来组织三维空间的数据，以便高效渲染。从结构上看，场景图是一个层次化的有向无环图（Directed Acyclic Graph，DAG），由一系列的节点（Node）和有向边（Directed Arc）构成。场景图的顶部是一个根节点（Root Node）。从根节点向下延伸是组节点（Group Node），每个组节点中均包含了几何信息和用于控制其外观的渲染状态信息。根节点和组节点都可以有零个或多个子成员，但是，无子成员的组节点事实上没有执行任何操作。在场景图形的最底部是叶节点（Leaf Node），叶节点包含了构成场景中物体的实际几何信息。

　　本系统虚拟数控加工场景中的模型分为两类：在主视图中显示的和仅在切削小视窗中显示的。第一类直接将其变换节点加载到根节点上；第二类则需要先将其加载到小视窗的相机节点，再将相机节点加载到根节点上。

6.5.3　交互式的场景漫游

　　OSG 的摄像机操作由 osgGA::MatrixManiPulator 的派生类来完成。MatrixManiPulator 是控制 OSG 摄像机的抽象基类，其派生的类实现了多种控制摄像机的方式，如轨迹球方式操纵摄像机类 TrackballManipulator 和用于模拟飞行仿真时摄像机控制类 FlightManipulator。

　　可以调用 osgProducer::Viewer 类的 addCameraManiPulator 方法把自己的摄像机加入进去。在 OSG 里，所有的视图变换操作都是通过变换来完成的，不同摄像机之间的交互也通过矩阵。加入摄像机的功能包括"a""d""w""s"控制左右前后行走，用"Home"和"End"控制上下移动，"q""e""y""h"控制左右上下转向，并用空格键控制是否使用鼠标的转向功能，用"＋"或"－"控制移动步长。摄像机的状态用位置和姿态来表示，键盘鼠标控制位置姿态的改变。值得注意的是对位置姿态的控制需将其转化为视图矩阵。

在成员函数 handle( ) 里进行时间的处理，改变自己的状态，进而在 getInverseMatrix 被调用时，改变场景内摄像机的位置姿态。鼠标键盘事件在此函数中进行处理。

虚拟数控加工场景漫游效果如图 6.12 ~ 图 6.15 所示。

图 6.12　场景漫游效果 A

图 6.13　场景漫游效果 B

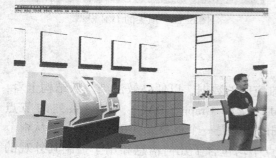

图 6.14　场景漫游效果 C

图 6.15　场景漫游效果 D

6.6　基于 OSG 的虚拟数控车削过程

6.6.1　基于 OSG 的工件绘制

车削加工的工件均为回转体，于是可将工件分解为若干个短圆柱体进行绘制。例如绘制锥面、倒角、倒圆、圆弧、螺纹等时，将工件近似为由若干个短圆柱体拼接而成，运用 OSG 的几何体类来绘制圆柱体。

OSG 的几何体类（Geode 类）是 OSG 的叶节点，它包含了渲染用的几何数据。Drawable 类是用于存储几何数据信息的基类，Geode 维护了一个 Drawable 的列表。Drawable 是纯虚类，无法直接实例化。用户必须实例化其派生类，如 Geometry 或者 ShapeDrawable（允许用户程序绘制预定义的几何形状，如球体、圆锥体和长方体）。

6.6.2　虚拟数控车削过程的实现

虚拟数控车削过程实际上是卡盘旋转、刀具运动以及构成工件的若干圆柱体实时改变其特征参数的过程。通过读入由对话框输入的数控指令传递坐标值，进行解析运算，便可得到刀具运动轨迹、加工后工件的形状参数。

（1）卡盘旋转、刀具运动　虚拟数控机床的卡盘旋转和刀具运动可以通过每一帧的函数回调改变其变换节点的位置值来实现，使卡盘绕其水平中心轴做旋转运动，刀具按照其数控指令要求的运动轨迹做直线或者圆弧运动。

（2）工件的绘制与切除　构成虚拟工件的若干短圆柱体，可以根据对其数控指令的运算结果改变其圆柱半径值和高度值。随着刀具的运动，相应的圆柱体也会实时地改变其变换节点的位置值，并进行相应的显现或者隐藏，从而真实地再现虚拟数控加工切削过程中加工余量的切除过程。

虚拟数控车削过程中最重要的是实现刀具和工件的平移、主轴的旋转以及工件圆柱体的显隐。setPosition（const Vec3d &pos）设置平移位置，setAttitude（const Quat &quat）设置旋转角度。显隐的方法是调用 setNodeMask（NodeMask nm）来使某个圆柱体节点可见或不可见（1 可见，0 不可见）。

这些运动和显隐都是通过 OSG 每一帧的循环绘制来实现的。本系统可以允许程序保存几何体并执行循环的绘制工作，此时所有保存于场景图形中的几何体信息都以 OpenGL 指令的方式发送到硬件设备上。为了实现动态的几何体更新、拣选、排序和高效渲染，OSG 提供的不仅仅是简单的循环绘制，事实上，有三种需要遍历的操作：

1）更新。更新遍历允许程序修改场景图，以实现动态场景。更新操作由程序或者场景图中节点的回调函数完成。例如，在虚拟数控加工系统中，程序可以使用更新遍历来改变主轴、刀具的位置等，来模拟切削，通过按键及对话框输入数控程序来实现与用户的交互。

2）拣选。在拣选遍历中，场景图形库检查场景里所有节点的包围体。如果一个叶节点在视口内，场景图形库将在最终的渲染列表中添加该节点的一个引用。此列表按照不透明体与透明体的方式排序，透明体还要按照深度再次排序。

3）渲染。在渲染遍历中，场景图形将遍历由拣选遍历生成的几何体列表，并调用底层的 API，实现几何体的渲染。

这三种遍历操作在每一个渲染帧中只会执行一次，在更新阶段，对场景图形的修改都在这里实现。如主轴的旋转、刀具的移动、工件材料的去除、键盘对话框输入的交互都是调用 reactKeyOperate（）这个函数实现。在 reactKeyOperate（）之前设置模型的位置和显隐状态，则在 reactKeyOperate（）调用后场景树对应模型节点的位置和显隐状态才改变，而在 reactKeyOperate（）之后设置模型的位置和显隐状态，则要等到下一帧时调用 reactKeyOperate（）才能改变。

虚拟数控车削过程的仿真流程如图 6.16 所示。

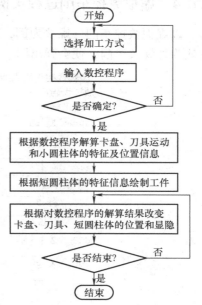

图 6.16　虚拟数控车削过程仿真流程

6.6.3 切削小视窗的实现

为了清晰地观察数控加工过程，必须设置一个摄像机，对准卡爪、工件、车刀和顶尖，并将其显示在小视窗上。

在小视窗中加载所要显示的模型，将小视窗的节点加载到根节点上去，切削小视窗的实现效果如图 6.17 所示，切削小视窗中的加工过程和主视图中完全一致，通过小视窗观察虚拟数控加工的过程更为清晰。

图 6.17　切削小视窗的实现效果

6.6.4 虚拟数控车削过程实例

以虚拟数控车削外螺纹为例，来介绍虚拟数控车削过程。在数控加工的菜单中选择加工方式为外螺纹车削，便会弹出图 6.18 所示的对话框。在此对话框中可以选择数控程序类型

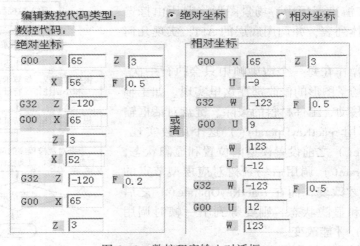

图 6.18　数控程序输入对话框

（绝对坐标或者相对坐标），根据用户的需要，改变数控程序中相应的坐标值。

确定后，根据用户在对话框中输入的参数，解算出组成工件的圆柱体的特征值信息以及刀具的运动轨迹信息。解算出的参数包括：第一次车削长度、第二次车削长度；第一次车削进给速度、第二次车削进给速度；第一次车削深度、第二次车削深度；车刀的起始 x 坐标值、车刀的起始 y 坐标值；第一次退刀的 x 坐标值、第一次退刀的 y 坐标值；第二次退刀的 x 坐标值、第二次退刀的 y 坐标值。如果选择了绝对坐标，其解算的代码如下：

```
if( zuobiao == 0)  //选择绝对坐标
{
    m_CViewcxcd1 = − 1 ∗ dlg7. m_z2；  //第一次车削长度
    m_CViewcxcd2 = − 1 ∗ dlg7. m_z4；  //第二次车削长度
    m_CViewjgsd1 = dlg7. m_f1 ∗ 20；  //第一次车削进给速度
    m_CViewjgsd2 = dlg7. m_f2 ∗ 20；  //第二次车削进给速度
    xunhuanap1 = (60.0 − dlg7. m_x2)/2；  //第一次车削深度
    xunhuanap2 = (60.0 − dlg7. m_x4)/2；  //第二次车削深度
    tuidaox = ( dlg7. m_x1 − 60.0)/2；  //车刀的起始 x 坐标值
    tuidaoz = dlg7. m_z1；  //车刀的起始 z 坐标值
    tuidaox1 = ( dlg7. m_x3 − 60.0)/2；  //第一次退刀的 x 坐标值
    tuidaoz1 = dlg7. m_z3；  //第一次退刀的 z 坐标值
    tuidaox2 = ( dlg7. m_x5 − 60.0)/2；  //第二次退刀的 x 坐标值
    tuidaoz2 = dlg7. m_z5；  //第二次退刀的 z 坐标值
}
```

（1）工件的绘制　在车削加工中，螺纹车削是一种较复杂的情况。整个螺纹在空间中是连续的，但从观察者的某个侧面看却是不连续的，因此，同样可以通过改变工件模型中短圆柱的半径来实现螺纹加工，其视觉效果影响不大。

此工件由三部分组成：不加工部分、退刀槽和螺纹加工部分。前两部分的形状是固定的，调用绘制圆柱体的函数进行绘制。

螺纹加工部分的形状要根据解算得出的第一次车削深度和第二次车削深度来确定。以上程序绘制了两次车削分别得到的螺纹形状。但在开始加工之前，要用圆柱体将两次螺纹外形覆盖，随着螺纹车刀的切削，外部的圆柱体逐渐消失，被覆盖的螺纹显现出来。

（2）切削过程模拟　刀架调整位置，使螺纹车刀在切削位置上，其 x、z 坐标分别为 tuidaox 和 tuidaoz。程序每一帧都会调用函数 reactKeyOperate( )，使卡盘绕其轴线旋转一个角度，螺纹车刀改变其位置信息。

螺纹车刀先向前运动，当切入深度为 xunhuanap1 时，车刀向左运动，开始车削螺纹，进给速度为 m_CViewjgsd1。外面覆盖的圆柱体随着车刀位置的变化逐渐消失。当切削长度为 m_CViewcxcd1 时，车刀后退。当车刀 x 坐标达到 tuidaox1 后，向右运动到 z 坐标为 tuidaoz1 的位置。

然后，再进行第二次的螺纹车削，切入深度为 xunhuanap2，进给速度为 m_Cviewjgsd2，切削长度为 m_Cviewcxcd2，退刀位置的 x、z 坐标分别为 tuidaox2 和 tuidaoz2。其实现步骤基本同上，但是车削的时候是第二层的螺纹逐渐消失，露出最里层螺纹的外形。通过切削小视窗，可清晰地观察到加工过程，并有切削的声音效果。虚拟数控外螺纹车削过程如图6.19所示。

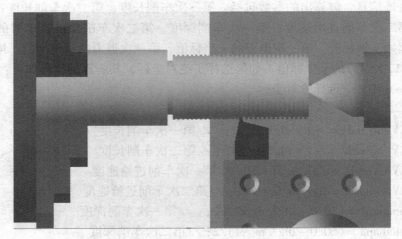

图6.19 虚拟数控外螺纹车削过程

在基于OSG的虚拟数控加工过程研究中，将工件分解为若干个短圆柱体进行绘制，根据对输入的数控程序进行解析，实时地改变对应圆柱体的半径、高度和显示状态，得到工件被车削的效果。为能清晰地观察到数控加工过程，采用OSG创建切削小视窗，并在车削过程中加入了切削声效。系统使用户在虚拟的车削场景中完成对工件的试切，既可以学习数控程序，又可以检验其数控程序的合理性。

6.7 非圆齿轮的数控插齿加工

6.7.1 数控插齿加工过程

非圆齿轮插齿加工中常用的两种包络齿廓算法是等弧长法和等极角法，即在数控加工过程中，加工齿轮每步转动是转过相等的弧长还是相等的弧度。

非圆齿轮的插齿加工过程可以看作是圆齿刀的节圆在非圆齿轮的节曲线上纯滚动的一个过程。当非圆齿轮的节曲线全部滚完时，所有齿廓都被插齿完成，插齿加工过程的数学表达模型如图6.20所示。

图6.20中，小椭圆为加工齿轮的节曲线，大椭圆为圆齿刀节圆圆心运动轨迹，而圆齿刀的节圆和加工非圆齿轮的节曲线做纯滚动。当圆齿刀节圆滚过弧长 $E'F$ 时，圆齿刀从 E 点转到了 F 点处，其转过的角度分别为 φ、θ，根据啮合原理，圆齿刀节曲线和非圆齿轮节曲线滚过的弧长应该相等，即

$$\int_0^\varphi \sqrt{r^2 + (\mathrm{d}r/\mathrm{d}\varphi)^2}\, \mathrm{d}\varphi = r_1\theta \tag{6.7}$$

式中，r_1 为圆齿刀节圆半径；r 为非圆齿轮极径，是 φ 的函数。

通过该式，可以推导出圆齿刀齿廓曲线点在固定坐标系 XOY 中的位置，由此可以逐步包络出非圆齿轮的齿廓。

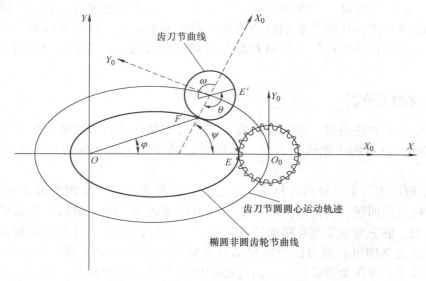

图 6.20　插齿加工过程的数学表达模型

6.7.2　工件建模与离散化

本系统进行的非圆齿轮插齿加工仿真，由于展成加工方式的特殊性，并不适用于刀具扫描体与工件进行布尔运算的切削算法。因此需要针对非圆齿轮模型及加工过程的特殊性，研究虚拟毛坯材料去除方法及数控插齿复合运动过程，真实地表现出插齿加工过程中材料的去除。将工件毛坯模型进行离散化处理，分割为成品工件与切屑两大部分，并通过刀具与切屑间的碰撞检测，将切屑模型从场景中移除，从而展现加工仿真动画效果，直观地验证加工代码的有效性和准确性。

针对非圆齿轮，在建模时将工件分成待加工部分和不加工部分。图 6.21a ~ c 分别是非圆齿轮的毛坯模型、离散化模型和加工后成品模型。将毛坯模型在建模软件中进行分割处理，根据加工参数的不同，毛坯的离散数量也会有相应变化，图示为加工进给步数为 5 时的模型。即每个切屑分成五份，在一圈加工中，当齿刀插齿加工时，将其中的一份从场景中移除，直到完成 5 次进给，此时毛坯模型转变成加工成品模型，达到加工仿真的目的。

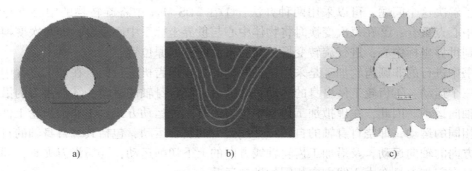

a)　　　　　　　　　　　　b)　　　　　　　　　　　　c)

图 6.21　非圆齿轮模型
a) 毛坯模型　b) 离散化模型　c) 加工后成品模型

虚拟加工仿真对实时性的要求很高，但当模型节点数量过多时，会造成极大的内存消耗，影响运算速度，从而会影响到仿真的实时性及准确性。所以可以对工件模型进行离散化，仿真时将已经切削的工件材料部分从场景中移除，提高系统的运行速度，提高实时性。

6.7.3　插齿加工分析

和圆齿轮加工方法相似，非圆齿轮的加工也需要保证插刀分度圆与加工齿轮的节曲线保持纯滚动。但不同于圆齿轮加工，非圆齿轮的加工还需要插刀的一个联动的径向运动。

图 6.22 所示为一个三轴插齿机简单示意图，该机床可以实现四个独立的复合运动，即工作台与插刀的回转，插刀的径向移动与上下往复运动。除了最后一个运动由独立的机械传动实现，前三个运动都有精确的联动关系。在圆齿轮加工时只需要前两个运动保证精确的联动关系即可，插刀的径向移动只是简单的进给运动，而在非圆齿轮加工时，插刀的径向移动不仅作为进给运动，同时也需要符合啮合运动原理，这是二者加工的最大区别。

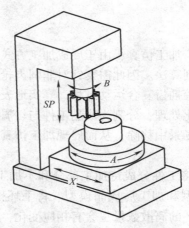

图 6.22　三轴插齿机简单示意图

该问题的出现在于变换结果应以自身为中心旋转，而实际却是以世界坐标系的中心旋转。为了解决这个问题，可以采用两种办法：①在 3DS Max 中将旋转物的中心点与世界坐标系的中心点重合；②在每次变换时将物体中心与世界坐标系中心重合，即每次变换前将模型移动到世界坐标中心，进行旋转变换，然后再反向移回原位置。

本书中进行的非圆齿轮加工是采用三轴联动的数控插齿机进行的，在加工过程中主要实现的是三个运动：①齿轮工件自身的运动；②插齿刀绕自身轴的运动；③插齿刀的沿中心线方向的轴向运动。因此，在虚拟加工仿真中也应该有三种运动方式：①非圆齿轮工件及其夹具有着相同的运动，即绕自身轴的自转；②插齿刀的复合运动，包括其绕自身轴的自转，沿中心线方向的轴向运动，及沿加工齿轮轴线方向的上下切削运动；③插齿刀夹具，即整个机床的床身有着与刀具在中心线方向相同的轴向运动。

据此分析，将模型的世界坐标中心设在了工件夹具的中心处，这样，非圆齿轮工件绕自身轴的自转可以看作是绕世界坐标系的 y 轴的旋转运动，插齿刀夹具的轴线运动即沿着世界坐标系的轴线运动，这两个运动可以通过上述的坐标变换一步实现。而插齿刀的运动则较为复杂，由多个运动复合而成，复合运动由变换矩阵的级联来实现。

为了获得较高的效率，复合运动往往采用级联的形式来完成，变换级联是将多个矩阵按顺序相乘得到的单个矩阵。

例如：要对物体依次进行缩放、旋转和平移运动，可以先将这 3 个变换矩阵级联成单个矩阵 $M = TRS$，然后将需要变换的物体的位置矩阵左乘 M，而不是对物体进行三次变换，可以提高效率。其中需要特别注意的是矩阵乘法不适用于交换率，所以变换时要特别注意变换顺序，顺序不同造成的结果也不相同，变换顺序从最右边的变换矩阵开始，依次向左实现每一个变换。

由上述可知，插齿刀的矩阵变换为

$$M' = M(T_1 T_2 T_3 R_1 T_3^{-1}) \tag{6.8}$$

其中，M' 表示变换后的插齿刀矩阵；M 表示变换前插齿刀的位置矩阵；T_1 为插齿刀的上下运动变换矩阵；T_2 为插齿刀随插齿刀夹具进行轴线运动的变换矩阵；T_3 为插齿刀的包围盒矩阵；R_1 为插齿刀的自转矩阵；T_3^{-1} 为 T_3 的逆矩阵。

T_1 与 T_2 实现插齿刀的两个平移运动，T_3、R_1 及 T_3^{-1} 的级联实现插齿刀绕自身轴的旋转，矩阵的具体数值通过读取加工代码来获取。

6.7.4　切削仿真实现

在虚拟加工仿真过程中，要实现刀具与工件的运动，需要在场景图中找到相应的节点。模型场景搭建时已经对各个部件进行了命名，通过深度优先遍历机制对整个场景进行遍历，找到所有需要控制的节点，并将这些节点指针赋予重新声明并命名为 Node 节点，并将具有相同运动模式的 Node 节点划分成组，构成 Group 节点，在之后的运动控制中直接对这些 Node 和 Group 节点进行操作即可。

虚拟插齿加工仿真主要是实现插齿刀、工件及机床床身的运动，通过系统响应操作器的响应事件，在响应事件中调用节点的更新回调函数，如设置旋转的回调以实现工件及插齿刀的自转、平移的回调以实现机床的移动等。具体的实现流程如图 6.23 所示。

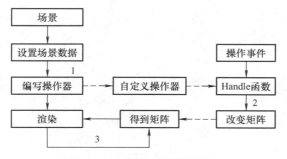

图 6.23　渲染动画实现流程

① 通过继承 GUIEventHandler 类编写自定义的操作器 UseEventHandle，定义一个 osg::MatrixTransform * mt 对象进行坐标变换，在 mt 对象下添加零件为子节点，控制下面节点的移动、旋转、缩放等操作。

② 当响应 handle 函数中的键盘操作后，Viewer 执行更新回调命令。

③ 在每一帧的渲染中启动更新回调，使用 mt –> setMatrix( ) 方法设置旋转、移动、缩放的参数，因为人眼的视觉残留效果会展现出旋转、移动等动画效果。

虚拟加工仿真本质可以看作是切屑的去除，通过上述的毛坯模型离散化，随着加工时间的推移，切屑节点随着毛坯自转角度的增加逐渐从场景中被移除，达到切削仿真的效果。同时，在不同的加工阶段，可以在渲染画面正对屏幕的角度写上相关的汉字说明，如加工阶段、加工注意事项等内容，获得更好的展示效果。

第7章　基于力觉/触觉反馈技术的交互式虚拟拆卸系统

7.1　力反馈交互技术原理

7.1.1　触觉效果产生原理

在使用触觉交互设备进行虚拟交互操作时，触觉设备是如何模拟触觉效果的呢？一般采用代理点方法（proxy method）来实现操作者与场景物体的触觉交互。代理点为触觉设备操纵臂探头（end - effector）在实际空间的位置转化后在虚拟场景中的对应点。当操作者操纵代理点试图去穿透虚拟物体表面，这时会有一个反馈力去阻止这个行为。

代理点在虚拟场景中可以是一个点、球或者点云。如果是一个点的话，代理点又可以认为是表面接触点（Surface Contact Point，SCP），如图7.1所示。

当触觉设备代理点与场景物体未发生接触时，如图中的 t_0 时刻，此时 SCP 就是操纵臂探头在虚拟场景中的位置；当触觉设备代理点与场景物体发生接触时，如图中 t_1、t_2 时刻，SCP 位置可以认为是在触觉设备代理点刚碰到物体时，操纵臂探头的位置，如图 A、B 两点所示。当代理点与场景模型表面接触时，代理点在虚拟场景的位置可能已经穿透物体的表面，进入

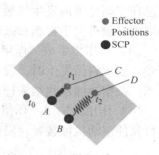

图7.1　虚拟场景中的代理点

到物体内部，如图中 t_1 时刻 C 点位置。根据代理点穿透物体的深度，可以计算出反馈力的大小。在 SCP 和设备操纵臂探头位置（Effector Position）之间建立简化弹簧模型，穿透深度越大则相当于弹簧拉伸越长，如图 t_2 时刻所示，从而反馈出更大的阻力。

这样的效果与现实生活中按压一个物体相同，使用越大的力按压则感受到的反作用力也越大，这种模拟称为力反馈，即模拟了操作者与虚拟场景物体接触时的触觉效果。

7.1.2　力反馈技术产生原理

在探索虚拟世界的过程中，由于操作者本身不能进入虚拟场景，所以一般会设置一个虚拟质点作为代理点，代替操作者与虚拟环境进行交互。力反馈设备的交互过程也不例外，以 Phantom 系列手臂式力反馈器为例，虚拟环境会通过力反馈设备给人反馈出力及力矩信息，在操作者、计算机以及反馈设备之间形成一个闭环回路。操作者通过控制代理点影响虚拟环境，本身也能够感受到虚拟环境中的作用力，产生身临其境的感觉。

培训人员操作力反馈主臂运动，计算机通过安装在力反馈臂上的位置传感器（HIP）获取主臂的空间位姿信号，然后利用数模转换电路将模拟信号转换成数字信号，经过 IEEE1394 数据线接口传入计算机。计算机采用空间匹配算法，将信号中记录的手柄空间位姿实时映射到代理点上，这样虚拟场景中的代理点就会随着操作者手臂的运动实时地改变。

当代理点与虚拟场景模型进行交互时，计算机采用某种控制算法快速地计算反馈力。完成反馈力的计算之后，将反馈力的信号通过 IEEE1394 数据接口传递给力反馈装置，力反馈装置通过数模转换和功率放大后驱动力矩电动机转动，培训人员就能够感受到力觉/触觉的反馈。

上述力反馈器位置传感器（HIP）是力反馈器上的力觉/触觉接口，主要用来获取力反馈器手柄的位姿信息，以控制代理点（虚拟光标）的运动，其位姿的改变是通过空间位姿变换矩阵（平移矩阵、旋转矩阵和缩放矩阵）级联实现的。代理点实时运动是通过空间匹配模块完成的。空间匹配模块的功能就是将传感器传输的位姿信号经计算机解析后，再由空间匹配算法映射成虚拟场景中代理点的位姿，自此完成用户与虚拟场景的连接。

力觉/触觉交互系统在一个工作周期内，主要工作步骤如下。

（1）位置信息获取 位置信息的获取是通过力觉/触觉设备的接口程序采集各种传感器信号，获得力觉/触觉设备在当前虚拟环境中的位置，操作者通过位置信息来与虚拟环境进行交互。

（2）碰撞检测 碰撞检测是实时提取当前设备的位置信息与虚拟环境中物体的位置信息来判断它们之间是否发生接触和干涉。在一个工作周期内，设备位置信息与虚拟物体位置信息在空间范围内发生接触和重叠，即可判定设备与物体发生碰撞，否则，设备位于自由空间之内，没有发生接触和碰撞。

（3）作用力生成 作用力生成，即根据碰撞检测结果计算生成各种设备的力觉、触觉信号。当无碰撞发生时，设备为自由状态，作用力输出为零；当有碰撞发生时，设备为约束状态，根据碰撞检测结果计算生成的作用力。

（4）作用力输出 作用力输出，即对计算生成的作用力进行信号放大，由力觉设备的执行元件驱动机械装置对操作者施加力，完成力的反馈。

7.1.3 力反馈交互相关技术及算法

1. 虚拟物体的力觉/触觉模型

与视觉听觉人机交互相比，力觉/触觉交互的难点在于如何营造一个具有高实时性（1kHz 更新频率）、高逼真度（建模和仿真误差小于人的力觉/触觉感知阈值）的虚拟环境，模拟再现自然界中物体间接触时丰富多样的力学属性，并保证人-机-虚拟环境回路的稳定性。

力觉/触觉生成与图形绘制渲染的区别在于：实时图形渲染的刷新频率为 30Hz，而实时力觉/触觉渲染要求刷新频率至少在 1kHz 以上；图形显示是计算机呈现给人的单向的信号流动，而力觉/触觉是人机之间的闭环信号和能量交互，因此图形渲染只需要保证视觉逼真性即可，而力觉/触觉渲染对计算模型在稳定性和逼真性等方面都提出了更严格的要求。力觉/触觉交互系统相当于人类作为一个环节参与的闭环反馈系统，操作者通过控制一个由机械和电子设备组成的系统（力觉交互设备）与计算机内部的虚拟环境进行信息交互，并使操作者体验到信息交互的真实感。不正确的计算模型会导致虚拟环境的输出信号与力觉交互设备的力学特性不匹配，不仅会导致用户的触觉体验不真实，甚至会造成力觉/触觉反馈设备出现强烈的振动和异响等不稳定现象，严重时会破坏虚拟设备，甚至对操作者造成伤害。因此，在力觉/触觉渲染算法的设计过程中必须考虑到设计的稳定性和安全性，同时必须保证操作者体验到设备的真实感，即要兼顾设备的逼真性、实时性和稳定性等三方面要求。因为力觉/触觉显示必须符合人与外部物体交互的客观规律，才能保证操作者得到与外部世界相似的真实感受。因此，建立力学模型使操作者感觉到来自于物体的真实感，并且又能满足系统的稳定性和快速性要求，是力觉/触觉合成和渲染方法面临的巨大挑战。

建立模型指在虚拟环境中建立交互工具和被操作物体的几何表达和物理表达，前者在计算几何、计算机辅助设计和计算机图形学领域得到广泛研究，后者在弹性力学、计算力学等领域得到广泛研究。

虚拟物体的力觉/触觉建模是力觉/触觉再现技术中最为重要的环节。目前，虚拟物体的形变建模技术可分为两大类：一类是基于几何形变的建模，另一类是基于物理意义的建模。前者采用纯几何的方法，通过控制物体的控制点、线来改变外形。当模型复杂时，控制点的数目大大增多，需反复调整控制点才能改变物体的形状，比较费时，但这种方法的优点是能真实反映生物组织的精确结构。而后者常应用于现实世界的仿真和三维医学图像可视化等方面。现实世界中有很多具有黏弹性的柔软易变形的物体，比如衣物布料、人及动物的软组织器官等。随着计算机技术的不断发展，用计算机模拟仿真这样的物体已成为可能，甚至有些已成为现实。该类模型可比较真实地反映出在外力作用下生物组织产生的物理变形，能根据物体运动学和动力学定律，建立物体运动和受力的变形关系式。

基于物理意义的形变模拟在计算机图形学中的应用已有 20 年的历史，研究者们为此提出了多种模型。总体上来说，基于物理的图形建模方法大致可分为对刚体的建模和对柔性物体的建模两类。

因实时性是交互操作的最低要求，所以我们仅关注可用于模拟实时形变的模型。当前，常用的力觉/触觉模型有自由式形变模型、3D ChainMail 模型、弹簧-质点模型、有限元模型、Shape – Retaining Chain Linked 模型、长单元模型等。

目前常用的力觉/触觉模型都有其自身的优缺点，为了方便选择和应用这些模型，有必要对其优缺点进行比较和总结（见表 7.1）。

表 7.1　虚拟物体的力觉/触觉模型性能比较

类　　别	几何形变法		物理形变法			
模型	自由式形变	3DChainMail	弹簧-质点	有限元	Shape – Retaining Chain Linked	长单元
建模复杂性	较简单	简单	简单	复杂	简单	简单
形变计算速度	快	较快	较快	较慢	较快	较快
计算精度	低	较低	较低	高	较低	较低
实时性	好	好	较好	一般	较好	较好
鲁棒性	差	差	差	较好	较差	较差

几何形变法的主要优点有建模简单、造型速度快、运算效率高、实时交互能力强、便于做碰撞检测和体积绘制等。但其仅反映人体形变的几何特征，不具有真实的物理意义，不反映运动-力-形变的规律，无法实现自然的力觉/触觉交互功能。

与几何形变法相比，物理形变法具有计算量较大、速度慢、真实性好、用户干预少、实用性广等特点，有更广阔的应用前景。在物理形变模型中，弹簧-质点模型建模简单，易于理解，运算速度快，求解效率高，实时性和交互性易于实现，但精确度有限、鲁棒性差。有限元建模方法具有坚实的弹性力学基础，可对物体的形变进行精确和定量的模拟，应用于实时形变模拟时需要做简化处理。Shape – Retaining Chain Linked 模型具有实时性较好等优点，但链元素是以刚性体为假设的。长单元模型计算量小，模型中的物理参数容易得到，求解方便。在使用中，选用哪种力觉/触觉形变模型，要根据具体需要进行抉择。

2. 碰撞检测算法

碰撞检测算法种类繁多，从时间的范畴对碰撞检测算法进行划分，分为静态碰撞检测算法和动态碰撞检测算法。

静态碰撞检测算法是指在虚拟场景中，用来检测物体的位置随时间不发生变化的碰撞检测算法，主要用于机械零件装配过程中的干涉检验，特点是实时性要求很低，但是对精确性要求很高。

目前应用最广泛的动态碰撞检测算法有离散碰撞检测算法和连续碰撞检测算法。从根本上说，离散碰撞检测采用的仍然是静态干涉碰撞检测算法，在一段时间内，对当中一定数量的离散时刻点分别进行碰撞检测，但这种检测算法有一定缺点，例如，步长过短则检测计算压力过大，而步长过长则导致穿透和遗漏现象的发生。连续碰撞检测算法通过结构空间的精确建模能够较好地解决离散碰撞检测算法的问题，但是由于计算效率较低，而且对计算机配置要求较高，应用还具有局限性。

从空间范畴对碰撞检测算法进行划分，可以分为图像空间碰撞检测算法和实体空间碰撞检测算法。

图像空间碰撞检测算法是利用图形处理硬件对物体的二维投影图像和相应的深度信息对物体相交情况进行判断。这种方法的特点是调用了图形处理硬件，减轻了 CPU 的负荷，从而提高了计算效率。由于其计算基准是物体的二维投影，所以避开了某些物体外形复杂的情况，但是这种方式过分依赖图形硬件，并且算法精确性有待提高。

层次包围盒法和空间分割法是实体空间碰撞检测的两种重要方法。其中由于空间分割法的存储量大、灵活性低，适用于几何对象均匀分布于虚拟空间的情况，因为这种方法需要对空间进行分割，如果模型相互交错则无法体现算法优势；而层次包围盒法的核心思想是利用简单几何体近似描述虚拟对象，由于它在多种辅助环境中的优良表现，并且该方法的通用性较强，所以得到了广泛的应用。

3. 反馈力的生成

当用户与三维对象表面进行交互时（无论是否发生变形），他们应该能感觉到反作用力。触觉绘制流水线需要计算这些力，并发送到触觉显示设备，给用户提供相应的力反馈。

（1）受力计算 受力计算需要考虑表面接触的类型、表面变形的类型以及对象的物理特性和运动特性。最简单的表面接触是单点接触。触觉手套涉及与一个（被抓握）对象的多点接触。此外，不可移动的刚体（例如墙）的行为与可移动的弹性对象（例如橡胶球）不同，与塑性变形对象（例如易拉罐）也不同，诸如此类。因此，受力计算与仿真对象的类型密切相关。

（2）力的平滑与映射 触点压力建模往往假设对象表面没有摩擦，并且只存在一个接触点。在这种假设下，阻力的方向即为触点的表面法向量。这种简化方法会使得弯曲多边形表面的阻力不连续。这是因为，当从一个多边形过渡到下一个多边形时，表面法向量方向会发生突然变化。因此，即使绘制出的图形看上去是光滑的，对象摸起来的感觉却是棋盘格状的，或者说有多个面。可使用顶点和像素法向量信息绘制光滑的多边形表面的局部光照技术，这种明暗处理方法同样可以扩展到触觉领域。

定义　力的渐变处理（forceshading）：通过改变与多边形表面交互过程中产生的反馈力的方向，来模拟与光滑的曲面表面接触时的感觉。

触点压力的方向可以根据发生交互的多边形顶点的法向量加权来计算。这种方法不会影响触点压力的大小，只影响其方向。假设有一个由三个多边形近似表示的柱面凸起部分。如果反馈力不光滑，无论多边形之间的边是否有交叉，用户都能明显地感觉到力的方向的不连续性。而真实的柱面不会有这种不连续性，其反馈力的方向呈放射状，力的大小由胡克定律给出。

4. 触觉纹理映射

触觉纹理映射是触觉绘制流水线的最后一个阶段。图形纹理增强了对象外观的真实感，触觉纹理增强了对象表面物理模型的真实感。此外，触觉纹理还可以增加一些新的信息，以刻画对象的光滑、冰冷等特性。最后，和多纹理映射方法类似，触觉纹理也可以叠加在一起产生新的表面效果。

（1）触觉鼠标产生的触觉纹理　自由度 iFeel 鼠标产生的纹理是非常简单的。这类接口可以在 z 方向（与桌面方向垂直）上产生较小的力。其结果是，被模拟的表面没有摩擦力，因此沿水平面（x-y）不产生任何阻力。纹理由各个凸块之间的高度、宽度和间距确定。高度决定鼠标激励器产生的垂直方向的力的大小，直到饱和极限。间距和宽度决定了当鼠标指针扫描到对象表面时，能感觉到的纹理频率分量。按这种方式产生的纹理是有方向的，可以为两个水平轴分别产生不同的高度、宽度和间距。有趣的是，即使对一个轴，也可以通过编程，根据鼠标是正向移动还是反向移动来改变纹理。这样就能够模拟类似于天鹅绒的表面，一个方向摸起来是有绒毛的，另一个方向摸起来是光滑的。如果各个运动轴和各个方向上凸块的间距、宽度和大小是相同的，则可以模拟出网格状的表面（例如网球拍的弦）。

（2）PHANTOM 产生的触觉纹理　由于 PHANTOM 能产生各个方向上的力，它的触觉纹理更加丰富，因此可以在触点压力上增加摩擦力，模拟带有黏性的表面。黏性可以通过给表面速度乘以一个阻尼系数来模拟，惯性可以通过质量与加速度的乘积来简单地模拟。在创建表面纹理的同时创建位移映射，就像多纹理映射中的凸凹映射那样。位移映射用山峰和山谷来模拟表面的横截面，用户感觉到的作用力受表面高度的局部梯度影响。

7.2　力反馈虚拟拆卸实例分析

虚拟拆卸技术是虚拟现实技术在维修行业领域的一种应用，虚拟拆卸技术就是培训者在三维虚拟环境中采用不同的交互设备（力反馈设备、键盘和鼠标、数据手套等）模拟现实世界中机械零部件的拆卸。从根本上说，零部件的拆卸过程，就是操作者通过交互设备对虚拟场景中的模型进行操作的过程。

7.2.1　系统功能需求分析

考虑物理属性的虚拟拆卸系统功能实现框架如图 7.2 所示。主要包括四个模块：自动拆

卸模块、手动拆卸模块、力反馈拆卸模块和辅助
功能挂件模块。交互拆卸系统中，利用鼠标、键
盘和力反馈器等交互设备，在拆卸过程中加入触
觉反馈，使用户的拆卸体验更加深刻。同时，系
统加入了场景漫游、路径回放、立体显示等一系
列人性化辅助拆卸挂件，进一步提升了拆卸系统
的实用价值，使用户身临其境感受拆卸过程。

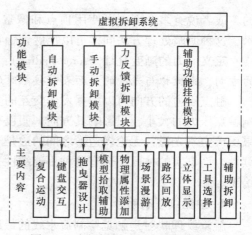

图 7.2　虚拟拆卸系统功能实现框架

7.2.2　系统技术路线设计

交互拆卸系统实现的过程中，为了体现真实
感、实时性、交互性等特点，拆卸系统开发主要
运用场景建模技术、力反馈技术、碰撞检测技术
以及图形渲染技术。构建虚拟拆卸系统的技术路线。

7.2.3　多模式交互设计

为了进一步提升虚拟场景的真实性，应用碰撞检测技术，避免因零部件之间发生穿透而
出现与现实情况不符的现象。同时，碰撞检测机制还能对拆卸路径进行规划。因此，用户通
过虚拟拆卸系统平台能够实现对机械零部件拆卸路径和序列的规划，从而进一步增强系统符
合现实的程度。系统利用 OSG 产生三维虚拟环境，并加载 3DS Max 导出的 IVE 模型文件，
通过外部设备与计算机建立连接。在人机交互的系统中，培训人员通过三种交互设备和两条
封闭反馈回路与虚拟场景进行交互。

（1）一条封闭反馈回路　当培训人员操纵力反馈手柄运动时，五连杆机构带动光电码
盘旋转，手柄的空间姿态由反馈器内部电路的电流信号经过 IEEE1394 数据接口传输给代理
点，代理点实时反映手柄的空间位置。内置的 ODE 物理引擎碰撞检测机制一旦检测到碰撞
情况，IEEE1394 数据接口会将反馈力信号传递给力反馈器，力反馈电流信号驱动电动机转
动，产生反馈力矩。

（2）另外一条封闭反馈回路　当 MFC 响应单击事件创建一个线程时，线程机制会生成
一个虚拟拆卸环境的窗口。接着，Windows 操作系统为这个窗口分配一个消息队列。当培训
人员以鼠标和键盘为交互设备输入事件时，Windows 操作系统将事件封装成消息结构体发送
给系统消息队列，系统消息队列通过消息循环机制将消息分发到各个窗口的消息队列，窗口
消息循环取出消息然后分发给消息结构体指定的窗口，窗口过程接收来自窗口的消息并调用
相应的函数进行响应，即运行动画，对虚拟场景进行拆卸。同时，立体显示机制也会运行起
来，培训人员只需要佩戴立体眼镜就能享受视觉盛宴，达到视觉反馈的效果。

7.2.4　基于 OSG 交互式拆卸实现

OSG 作为一款全面的虚拟现实图形引擎，不仅可以帮助开发者搭建虚拟场景，还提供
了大量的虚拟场景辅助开发函数。通过开发不同的人机交互方式，可以实现配合场景漫游的
自动拆卸以及鼠标拖曳手动拆卸等功能。

1. 自动拆卸

自动拆卸功能的实现主要包括两部分内容。首先，需要完成零部件运动设计，即零件拆卸动画路径以及序列的安排；然后，通过事件适配器完成交互操作，让使用者可以控制设备自动拆卸过程，并且可以切换观看角度以更好地了解设备结构。

（1）复合运动建模　在虚拟拆卸场景中，实现自动拆卸的无碰撞路径设计，主要通过动画路径规划方法。动画的本质是虚拟物体的空间坐标变换，具体来说就是物体顶点坐标经过位置变换，完成物体的移动。一般来说，三维空间中的运动都可以通过平移、缩放、旋转三种运动表示出来，也就是复合运动。

虚拟物体从点 A 到点 B 时，有可能发生平移、旋转或缩放，只要按式（7.1）计算即可实现。

$$B = AT \tag{7.1}$$

式中，B 是经过平移变换后的坐标；A 是物体初始位置坐标；T 则是平移变换矩阵，见式（7.2），关于 T 的详细描述见 6.3.2 节。

以减速器拆卸为例，完成虚拟拆卸操作，在自动拆卸过程中，主要涉及的运动方式有两种，一种是平移，另外一种是平移与旋转的复合运动。复合运动是通过平移、旋转、缩放矩阵的级联完成的。例如，在减速器拆卸第一步，需要拆卸端盖螺钉，螺钉的运动就是平移与旋转的级联，如图 7.3 所示。首先将平移变换矩阵与旋转变换矩阵级联成一个变换矩阵 $P = TR$，而不需要对初始坐标分别完成两次变换，极大地提高了变换效率。

OSG 中的关键帧动画渲染帧数与常规动画制作软件相同，达到 30 帧以上即可保证动画流畅，其单帧渲染机制是更新、拣选、绘制，每更新一帧需要重新进行这三个步骤。

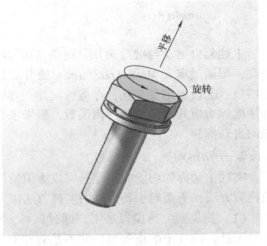

图 7.3　螺钉的复合运动

在自动拆卸程序中，为了应对零件拆卸操作的差异，简化编程工作，设计一个自动拆卸通用类，仅需要输入目标零件位移值，即可实现自动拆卸。

（2）键盘交互　OSG 提供的图形用户接口（Graphics User Interface，GUI）封装了大部分常用操作系统的交互动作捕捉接口函数。为了避开系统底层复杂的交互定义，OSG 提供了一种适配机制，能够将系统底层的交互定义统一到 OSG 交互定义中来，这就是事件适配器。在这里，开发者可以通过重载 osgGA 库中的事件处理函数 handle（）开发具体的交互功能。通过 GUIEventAdapter 类下的 getKey（）函数以及 getEventType（）函数获取按键类型以及事件类型，进而通过 switch 函数实现不同情况下的对应功能。键盘交互实现部分程序如下：

```
//获取按键类型以及事件类型
if( ea. getKey( ) == osgGA∷GUIEventAdapter∷KEY_Tab &&
ea. getEventType( ) == osgGA∷GUIEventAdapter∷KEYDOWN &&
```

```
_activeDragger == 0 )
//根据对应事件类型设置对应功能
switch( ea. getEventType( ) )
    case osgGA：：GUIEventAdapter：：KEYDOWN：
    {
        if( ea. getKey( ) == osgGA：：GUIEventAdapter：：KEY_Left)
        {
        disassemblyStep ++ ;
        disassembly( ) ;
        return true ;
        }
        if( ea. getKey( ) == osgGA：：GUIEventAdapter：：KEY_Right)
        {
            stopDisassembly( ) ;
        return true ;
        }
```

上述复合运动与键盘交互分别是自动拆卸的两个关键问题，其主要流程：①建立一个动画类，即通过定义 MatrixTransform 对象并对其进行坐标变换，以控制其子节点的位移、旋转和缩放；②设置键盘交互，在进行键盘交互时，使用 handle( ) 函数处理事件消息，OSG 事件适配器响应并调用更新回调函数，触发事先制作完成的复合运动动画，以达到具有交互功能的自动拆卸。

2. 手动拆卸

实现手动拆卸功能的关键是完成虚拟物体拖曳器的设计，而拖曳器又涉及鼠标点选的射线检测方法，下面对手动拆卸的实现方法以及选取高亮功能进行描述分析。

（1）拖曳器 拖曳器是用户通过鼠标，对虚拟场景中被选中的对象进行移动、旋转操作的工具。OSG 中的拖曳器，并不是直接对目标物体的坐标进行修改，而是基于 OSG 的节点场景管理方式，将一节点设置为目标物体的 MatrixTransform 父节点，然后对父节点进行矩阵变换操作，进而表现为目标物体的平移、旋转、缩放操作。

OSG 图形渲染引擎为开发者提供了平面拖曳器、平面轨迹球拖曳器、轨迹球拖曳器、平移拖曳器、盒式拖曳器等多种类型的拖曳器。由于机械设备在设计时为了方便拆装，拆卸方向一般比较固定。因此，为了可以自由地设定设备拆卸的约束方向，不采取直接使用三维平移拖曳器的方式，选择设置三个一维平移拖曳器实现设备 X、Y、Z 方向的拖曳拆卸。

手动拆卸是通过单击拖曳器并拖动实现的，在 Windows 系统环境下，用户使用鼠标单击左键，系统将此事件封装，之后将封装的消息放入消息队列中等待响应。与之相似，OSG 中借助命令管理器实现与 Windows 系统中消息管理机制类似功能。其主要原理是：单击鼠标左键时，触发 GUIEventAdapter 方法下的 PUSH 事件，之后使用 LineSegmentIntersector 创建线段交集检测函数，事件适配器通过 get 方法得到左键单击事件发生的坐标位置，之后检测是否与某一虚拟物体的 X、Y 坐标一致，如果一致则选中拖曳器，并且可以完成拖曳操作。

（2）物体高亮 目前，大多数桌面式虚拟拆卸系统由于电脑显示器的分辨率限制，对于某些大型设备，不能做到小零件的快速选择，为了解决这一问题，本书通过使用 osgFX 库中的 Scribe 函数，设计了一种基于线框显示的辅助对象选择方法，如图 7.4 所示。部分代码如下：

```
//高亮显示
osg::ref_ptr < osgFX::Scribe >  A = new osgFX::Scribe;
A –> addChild( node. get( ) );
//点选物体后,使用 A 对象替换原始对象
B –> replaceChild( node. get( ) , A. get( ) );
```

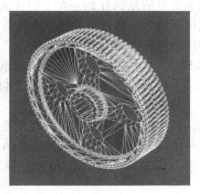

图 7.4　模型的高亮显示

3. 辅助功能

（1）场景漫游　在虚拟拆卸场景中，场景漫游是通过设置漫游器实现的，从本质上说，漫游器其实就是改变观察者（相机）的坐标位置和观察角度。OSG 图形引擎根据用户的不同需求提供了多种漫游方式：轨迹球漫游、飞行漫游、驾驶漫游等。正常情况下，如果不进行单独设置，OSG 默认漫游模式为轨迹球模式，它的主要工作方式是通过鼠标按键的点选、拖动，实现三维空间视窗的平移、旋转和缩放。一般鼠标左键为相机旋转触发器，按住鼠标左键即可旋转视角；鼠标中键为相机平移触发器，按住鼠标中键即可平移视窗，滑动滚轮可以进行缩放。轨迹球漫游器操作简单，能够很好地满足一般用户的需求。

关于交互式场景漫游器，本质上说就是通过事件响应完成相机窗口的矩阵变换，从而达到操作者通过键盘鼠标等外部输入控制视角的目的。

关于场景漫游操作器的实现，在进行漫游时，是在场景核心管理器 Viewer 中使用 Set-CameraManipulator 自定义一个单独的场景漫游操作器，在接收到外部键盘/鼠标输入后，EventHandle 启动事件响应机制，调用 handle( ) 函数，之后根据用户按键相机位置发生变化，至于场景漫游器的灵敏度，可以通过设置移动、旋转步长进行控制，最后，Viewer 在帧绘制时获取已经改变的视口位置矩阵并更新相机位置。

主要步骤如下：

1）新建一个继承自 TrackBallManipulator 的类 TManipulator，重载其中的 getMatrix( ) 和 getInversaMatrix( ) 以用于获取相机位置矩阵。

2）创建 ChangeStep( ) 函数，添加视口的位置参数，并设置步长变量，以控制镜头移动的平滑度。

3）重载 handle（）函数，根据操作需求设置符合要求的键鼠响应事件，实现场景视角控制。

4）在主程序中使用场景管理器 Viewer 调用 setCameraManipulator（）并设置参数，用自定义漫游器替换默认场景漫游器。

（2）相机路径记录 为了更好地通过虚拟拆卸系统观察自动拆卸过程，设置路径记录与回放功能，在拆卸进行时按下"R"键开始记录，在拆卸进行完毕后，再次点击该按键即可对记录拆卸过程进行回放。

相机路径记录的主要原理是使用 AnimationPathManipulator 类的 insert（）函数将相机在某一时间段内的关键点信息保存到一个 PATH 文件内，主要包括时间、位置以及运动方式信息。而计算机依据这些信息，对关键点进行基于插值算法的平滑连接过渡，从而形成流畅的动画效果，实现拆卸过程的回放。

（3）立体显示 立体显示可以分为眼睛和头盔显示技术、自动分光立体显示技术和三维立体显示技术。本书使用的硬件设备是立体眼镜，通过立体眼镜实现三维显示的方法主要有三种：分时、分色和分光。

分色技术：利用红绿蓝三原色的机理，通过驱动程序将显示的图像进行颜色过滤，然后观看者佩戴双色眼镜，分别过滤掉一种颜色的光，使进入左右眼的光谱不同，由于两种图像存在视角差，左右眼获取的图形信息有差异，大脑将图像信息进行合成，从而产生立体图像。

分光技术：利用偏光滤镜或偏光片滤除特定角度偏振光以外的所有光，让 0°和 90°的偏振光分别进入两只眼睛。与分色技术原理类似，分光技术同样利用了视差合成原理，通过正交极化片对特定方向偏振光的过滤作用，产生双眼视差，从而产生立体感。

分时技术：分时技术也称为主动立体显示技术，它的主要原理是由驱动程序快速交替渲染具有视差的左右眼图像，观察者通过佩戴快门眼镜，实现与显示设备的连接。同时，快门眼镜配合驱动程序对图像的渲染，利用视觉残留原理使观察者两只眼睛看到存在视差的连续图像，一般这种形式产生的立体显示效果较好。

通过立体显示技术，可以进一步提升虚拟拆卸系统的交互效果。本书使用 OSG 图形引擎中的 DisplaySettings::setStereo 函数实现虚拟拆卸系统的立体显示功能。立体显示主要包括互补色、水平分割、水平交错、垂直分割、垂直交错以及左右眼显示等多种模式，并且通过设置按键响应设计了显示模式的交互切换功能。

7.2.5 场景碰撞检测的添加

在现实世界中，不破坏任何物体的前提下，两物体不可能在同一时刻占据空间中的同一位置。目前最常见的碰撞检测流程是首先经过空间分割法的过滤，然后通过层次包围体方法进行初步碰撞检测，最后通过三角形相交检测方法进行精确碰撞检测。这种方法避免了大量冗余检测，提升了碰撞检测效率，节约了计算机资源。

本章所使用的物理引擎 ODE 应用的检测原理是基于几何关系的检测方法，下面对这种检测方法进行分析。

假设空间中存在两个三角形面片 $A = \triangle a_1 a_2 a_3$ 和 $B = \triangle b_1 b_2 b_3$，三角形面片 A 和 B 分别位于平面 α 和 β 上，通过三角形面片 B 的顶点坐标得到平面 β 的方程，然后分别计算 a_1、

a_2、a_3 到平面 β 的距离（任意规定平面某一侧为正）l_1、l_2、l_3。此时，可以分为两种情况：若 l_1、l_2、l_3 均大于或小于 0，则 a_1、a_2、a_3 位于平面 β 的一侧，不相交；若 l_1、l_2、l_3 不全大于 0 或不全小于 0，则 a_1、a_2、a_3 必然分散在平面 β 的两侧，需要进行下一步处理，如图 7.5 所示。

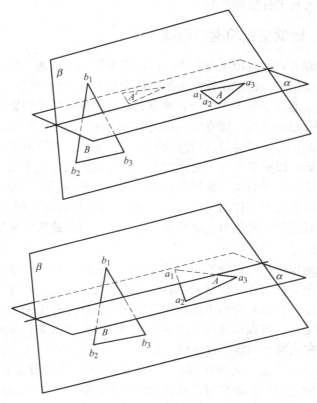

图 7.5　三角形面片的位置关系

在确定三角形面片位于平面两侧后，可以通过两种方法进一步确定其是否相交。第一，可以通过两平面方程确定其相交线方程，分别得出相交线与两三角形的相交区间，若两区间重叠则三角面片相交，否则不相交；第二，构造一条线段，该线段为平面 β 与三角形面片 $A = \triangle a_1 a_2 a_3$ 的相交线，这种方法将碰撞问题转化为线段与三角形之间的关系运算问题。

在虚拟拆卸过程中，三维模型之间的碰撞问题是不可避免的。模型在虚拟场景中的碰撞问题一般可以分为两个方面：碰撞的检测和响应。碰撞检测只需要判断两物体是否发生碰撞，而碰撞响应则是让模型在碰撞后按照物理原则进行后续运动。OSG 只是一个图形引擎，本书的碰撞检测工作是通过 ODE 物理引擎中的碰撞检测模块完成的。ODE 的三角形面片碰撞检测是由 OPCODE 模块完成的。

ODE 物理引擎进行碰撞检测的主要原理是采用层次空间方法将整个虚拟场景进行划分，若所有的几何体都被镶嵌在同一个空间内，那么进行碰撞检测所需要的计算时间与几何体的个数成比例。具体来说，若整个虚拟场景中包含多个模型零件，每个零件对应一个几何体，而几何体所在空间又可以互相包含，则形成空间层次结构。在进行碰撞检测时，函数层层递归逐步进行检测，可以减轻计算机的运算压力，保证场景的流畅程度。

ODE 物理引擎主要调用 OPCODE 完成碰撞检测工作。一般使用 dCollide、dSpaceCollide 和 dSpaceCollide2 三个函数，其中，dCollide 主要是计算两相交物体产生接触的点的信息，dSpaceCollide 对同一空间内的几何体进行碰撞检测，而 dSpaceCollide2 用来判断不同空间中的物体是否发生接触。这样，就针对层次空间划分方法对应了所有的碰撞情况，在保证碰撞检测质量的同时，又节约了计算机资源。

7.2.6 基于力觉、触觉交互的虚拟拆卸

力反馈在虚拟拆卸方面的应用主要是为拆卸过程添加触觉反馈，从而将虚拟对象的物理属性以触觉的形式表现出来。物理属性在虚拟环境中主要有两种表现方式：第一，基于物理引擎的物理属性添加，通过这种方式可以为虚拟对象添加视觉可见的物理属性，使虚拟环境中的物体运动规律符合物理法则，假设虚拟空间中两物体发生碰撞，则其碰撞后按照符合现实规律的轨迹继续运动，这主要是通过碰撞检测实现。第二，力反馈交互，通过力反馈，可以将虚拟对象的物理属性以触觉的形式表现出来，力反馈的实现主要通过借助外部设备实现力的反馈，通过高频率的触觉渲染，模拟各种力的表现，从而表达出虚拟对象的物理属性，力反馈在虚拟拆卸中发挥着重要作用，可以极大地提升虚拟环境模拟现实的程度。例如，拆卸设备螺栓时，可以感受到螺栓重力，触摸设备表面时，可以感觉到模型表面粗糙程度。

1. 构建物理模型

从根本上说，物理属性是真实世界中物体本身所具有的属性，而在虚拟交互中，通过场景建模技术完成的对象一般是几何模型，不具备物理属性。同时，键盘、鼠标、数据手套等交互设备虽然具有交互性，但是它们不能感知真实交互操作过程中的力觉属性。通过研究物理属性与几何模型的融合，可以构建相对真实的物理模型，提升交互体验。

在 SolidWorks 中完成模型的零部件建模、装配，并以 *.wrl 格式导入 3DS Max 中进行材质渲染，增加模型的静物质感。从 3DS Max 中导出模型时，需要注意模型的面片优化和节点命名，合理的面片优化和节点命名可以提升模型读取过程中的节点遍历速度，而适当的节点命名方便查找，提升编程效率。通过将虚拟对象的重力、表面摩擦、表面纹理、硬度等物理特征与几何模型融合，构建符合要求的物理模型，并以力反馈的形式表现出来，提升虚拟对象的真实感。

2. 物理属性的添加

在真实世界中，物体具有若干种属性，在虚拟世界中，操作者主要通过视觉交互判断虚拟对象是否具有某种属性。例如，物体沿 Z 轴从上至下自由落体，就可以推断它受到重力影响，而大多数属性是无法通过视觉观察到的。通过力反馈器，可以将虚拟世界中的某些属性用力的形式反馈给操作者，让操作者感受到虚拟对象的物理特征。虚拟对象添加物理属性主要通过力觉渲染库 OpenHaptics 完成。

从根本层面上，利用 OpenHaptics 库，可以视作一种渲染，产生的力就是触觉的"显示"。在操作者移动设备操纵杆漫游的过程中，力反馈器以非常高的频率（1000Hz）进行渲染工作，产生符合实际情况的力，同时避免代理点"穿透"物体表面。例如，渲染出的力可以模拟出模型表面软硬程度、粗糙程度等物理属性。

HDAPI 和 HLAPI 是处于 OpenHaptics 开发包中底层的力觉触觉渲染接口，其中，HDAPI 提供了初始化力反馈装置的方法，包括设置和获取当前装置的角速度、获取力和力矩的大

小、设置渲染输出力等。HLAPI 是一级的力觉/触觉控制接口，它可以提供力觉/触觉渲染算法，其原理如图 7.6 所示。

力反馈手柄位姿经过空间匹配映射到虚拟环境，代理节点与场景进行碰撞检测。如果没有发生碰撞，则重新进行检测。否则，通过 OpenHaptics 中的 HLAPI 进行力觉/触觉渲染管理，HDAPI 以 1000Hz 的频率刷新并输出反馈力信号，力反馈驱动将反馈力信号转化为对电动机的驱动，最终实现力觉/触觉反馈。

交互操作过程中，反馈力是用户与虚拟环境进行交互的产物，也是实际交互所需力大小的反映。对于虚拟场景交互来说，在力觉反馈的基础上，确定反馈力的大小同样重要。通过分析反馈力的计算能够让操作者在操作过程中对物理模型有更深层的认识。

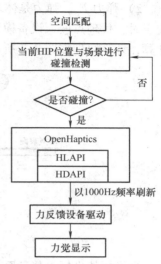

图 7.6　力觉/触觉渲染原理

力反馈器与模型交互过程中，代理点与模型之间的接触形式是单点接触。单点接触时，模型的物理属性主要体现在模型表面粗糙度、模型表面纹理、模型表面硬度等。而摩擦力、表面硬度、纹理等，是通过力觉渲染模拟，然后让操作者以反馈力的形式感知到的。

（1）接触模型　在操作者控制力反馈器代理点触摸场景模型的过程中，操作者感受到的力是一个合力，它是多个力的矢量和。反馈力的组成如式(7.2) 所示。

$$F = F_f + F_c + F_t \tag{7.2}$$

式中　F——力反馈器反馈力；

F_f——摩擦力；

F_c——弹力；

F_t——表面触觉纹理。

在实际操作过程中，无摩擦力的理想状态是不存在的，所谓光滑只是为了方便实验和计算而忽略不计。摩擦力、弹力、表面触觉纹理是力觉/触觉点一体渲染方法的重要表现形式，考虑这三者的综合作用对于还原真实的力反馈虚拟拆卸操作至关重要。操作者使用代理点模型"触摸"场景模型时，两者发生碰撞，代理点模型会产生一定深度的穿透（很小），在一定范围内，因穿透而产生的反馈力表现为弹力，当穿透深度超过模型最大值时，代理点将"穿透"模型，这种穿透在真实世界中是不存在的，这里是为了更精确地计算反馈力，从而实现高品质的力觉交互。

1）摩擦力 F_f。当代理点在模型表面滑动时，或者模型之间发生相对滑动时，有

$$F_f = \mu F_N \tag{7.3}$$

式中　μ——摩擦因数；

F_N——接触面正压力。

在交互操作过程中，假设代理点在设备模型某平面上移动，则 F_N 为操作者施加到模型表面的正压力。这种摩擦形式通常称为黏性滑动摩擦。摩擦力总是沿表面对抗横向运动，摩擦力的大小总是与垂直（法线）接触力成正比。关于摩擦力，主要通过 hlEffect 函数中的 GAIN 和 MAGNITUDE 两个参数来对摩擦力的增益和范围进行限制，之后通过 hlStartEffect（HL_EFFECT_FRICTION, friction）启用摩擦力，最后使用 hlEndEffect 来结束摩擦力循环。

2）弹力 F_c。弹力是体现模型表面硬度的重要指标。弹力是指代理点在接触模型表面并按压时，代理点嵌入设备模型表面，此时，力觉反馈表现为弹力。通过弹簧模型分析弹力的计算，计算原理如图 7.7 所示。

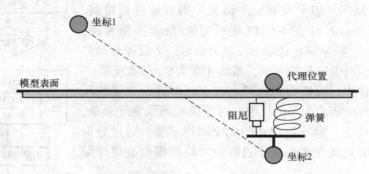

图 7.7　穿透阻力（弹力）计算原理

当光标从坐标 1 移动至坐标 2，模型表面产生了微量的穿透，此时模型表面代理位置与光标之间产生一段距离。因为弹簧要恢复原长度，产生弹力。计算过程分析：首先，建立以设备零部件模型表面法线为坐标轴、交点为原点的坐标系，建立基于代理点位置的简化弹簧模型，预设模型表面硬度系数即为弹簧的劲度系数，而代理点穿透模型时相当于拉伸弹簧，穿透深度决定了受到反力的大小。穿透阻力的计算应用胡克定律进行计算，如式（7.4）所示。

$$F = k\Delta x \tag{7.4}$$

式中　k——劲度系数；

　　Δx——代理点与光标之间的距离；

　　F——弹力。

通过力反馈设备模拟的设备模型表面硬度是有一定范围的，因为力反馈设备本身的输出力有上限。模型穿透表现为弹力也是在一定范围内的，超过了这个极限代理点将"穿过"模型。

（2）拾取模型　力反馈器代理点"触摸"模型表面时，感受模型表面粗糙度、硬度、表面纹理等物理属性。拾取模型后，操作者可以通过移动模型感受到惯性力、物体重力等物理属性。在移动模型过程中，操作者感受到的力同样是力的矢量和，如式（7.5）所示。

$$F = F_a + G \tag{7.5}$$

式中　F_a——加速度产生的附加力；

　　G——物体重力

1）加速度产生的附加力 F_a。在现实世界中，物体的运动状态发生改变时，物体一定受到了外力的作用。加速度附加力的分析计算是通过牛顿第二定律完成的，如式（7.6）所示。

$$F_a = ma \tag{7.6}$$

式中　m——物体质量；

　　a——加速度。

如果已知一个给定的轨迹，就可以计算出在运动过程中需要的额外附加力。虚拟场景中的惯性模拟过程与之类似，在物体本身具有重力的情况下，如果代理点拾取模型并做变速位动，则必须存在附加力才能保证物体与代理点运动一致。本书主要通过利用力反馈器可以提供的弹力和阻尼模拟物体运动中的惯性，其主要原理是利用弹簧和阻尼对变速运动的阻碍来模拟惯性，关键代码如下：

//由硬度和代理点与虚拟对象的位置差计算反馈弹力

hduVector3Dd springForce = Stiffness ＊（proxyPos － position）；

//根据模型移动速度及阻尼系数计算阻力

hduVector3Dd damperForce = － Damping ＊ velocity；

//其惯性为弹力与阻力的合力

hduVector3Dd inertiaForce = springForce ＋ damperForce；

2）重力 G。当模型放置于某一固定位置，通过力反馈器进行拾取操作时，就会感受到重力存在，其重力计算是根据式(7.7)

$$G = mg \qquad (7.7)$$

式中　　m——质量；

　　　　g——重力加速度。

重力的添加是通过 HLAPI 提供的 Effects 模块实现的。力觉渲染过程中，重力的添加过程其实就是一个方向为（0，0，－1）的恒力添加，但是如果让重力在场景运行过程中一直存在，会非常容易导致场景崩溃。重力作为一个现实世界中随时存在（地球上）的力，在虚拟场景中存在将会不断地导致场景模型之间的碰撞从而触发碰撞检测机制造成场景崩溃。因此，在本节中采用事件触发的形式，在按下操纵杆拾取键拾取模型后，对应模型重力产生；松开按键并结束拾取后，重力消失。这样，既提供了重力反馈，又保证了场景的正常运行。

以减速器力反馈拆卸为例。移动力反馈手臂至待拆卸的零部件，代理点与场景碰撞。此时，按下控制按钮，代理点与零部件固接，向上移动零部件到合适的位置。在代理点与待拆卸零部件接触时，代理点会嵌入到零部件内部一定深度，产生反馈阻力，反馈阻力会以力矩的形式输出给力臂，操作者手掌会感受到一股反冲力。拾取零件拆卸的过程中，反馈力会有一定程度的变化，反馈力此时由重力、摩擦力等组成。操作者根据反馈给手掌力的大小感受拆卸过程中的变化。

7.2.7　系统集成

系统使用 MFC 开发虚拟拆卸系统交互界面。OSG 是基于 C++ 平台的应用程序接口，具备线程安全性，并且可以有效利用多处理器和双核结构的特性。MFC 是微软开发的基础类库，它基于 C++ 封装了许多的 Windows API，专门用于图形界面开发。MFC 通过线程机制可以创建两种不同的线程，分别为工作者线程和用户界面线程。工作者线程没有消息机制，不参与程序运行过程中相关任务的维护，只是作为后台执行相关的计算任务。用户界面线程有完整的消息循环和处理机制，用于处理用户输入和响应界面交互。二者都是基于 C++ 的，都是基于线程工作的，这就使得 MFC 与 OSG 的结合成为可能。

当虚拟拆卸系统应用程序启动时，同时运行着两个线程，分别是 MFC－UI 主线程和 OSG 场景图形渲染线程。虽然虚拟拆卸系统存在三种不同的交互拆卸方式，但同一时刻只能存在一种场景交互拆卸。如果需要切换到其他的拆卸方式，就必须关闭当前的线程重新开启新的线程，防止多个线程共用一个窗口句柄而造成内存冲突。

OSG 中可以直接使用 osgViewer::Viewer 类来完成窗口的创建，让整个窗口的创建过程在 OSG 程序内部完成。本系统中需要在提供的窗口中显示场景，可以将窗口句柄传递到 OSG 线程中去，GraphicsWindowWin32 获取到窗口的句柄，这样虚拟场景就在指定的窗口中显示。

实现结合的关键问题就是 OSG 如何在指定的窗口渲染场景图形，实现原理如图 7.8 所示。MFC 程序在处理培训人员单击事件时，响应函数里会运行_beginthread 线程创建函数，函数里的第一个参数指向新线程的起始地址，即新线程是对 OSG 场景进行渲染。场景渲染包括场景拣选、场景更新和场景绘制。但是在渲染之前，OSG 线程会处理来自 MFC 主线程传递来的事件，从而实现交互的功能。

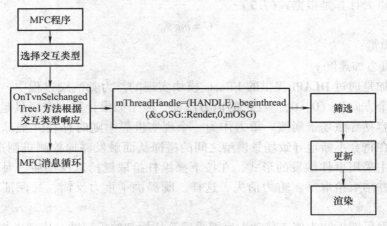

图 7.8　OSG 与 MFC 实现结合原理

第8章 虚拟设计与3D打印软硬件融合平台

3D打印技术的出现不仅让虚拟现实"触手可及",而且能使人们体验现实中根本不存在的物品,如同哈利·波特手中的魔法棒,挥手间创造出一个奇异的世界。在过去:杯子的产生是先画图,然后减材加工,再经过包装、运输,最终到达用户手中,而现在利用3D打印技术,只要从网上下载杯子的模型文件,就可以自己快速打印,省去了许多的中间环节。未来的3D打印将更趋于智能,可以将任意其他材料的"基因"一并打印到产品之中,从而改变产品的性能。

8.1 虚拟设计与3D打印软硬件融合平台构思

通过增强VR设备在真实环境中无缝植入虚拟设计环境场景;借助增强现实设备的开源SDK,设置与设计、建模、分析、优化等工程软件接口;在增强现实环境中使用辅助软件,通过手势进行虚拟设计、建模、分析和优化,借助可触摸3D技术及相应设备,实现虚拟设计过程中的真实触感;然后将创建的模型转换为STL文件,进行分层切片处理和打印路径规划,得到模型G代码数据文件,将G代码数据文件传输至3D打印机,打印出设计模型。图8.1所示为平台构建思路。

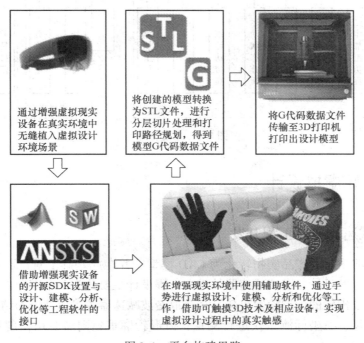

图8.1 平台构建思路

8.2 谐波减速器虚拟设计与3D打印融合平台

在机器人传动装置中，我们希望其具有体积小、重量轻、传动比大等特点，而谐波减速器则很好地满足了这些要求。谐波减速器主要由刚轮、柔轮和波发生器三个基本构件组成，如图8.2所示，其中刚轮为内齿轮结构，柔轮为外齿轮结构，波发生器为凸轮结构。谐波减速器属于精密减速器，其制造精度和加工要求都比较高，为减少开发谐波减速器的成本投入，武汉理工大学智能制造与控制研究所与湖北行星传动设备有限公司合作，进行了基于VR与3D打印的谐波减速器的齿形设计与仿真研究，设计了虚拟现实与3D打印软硬件融合平台，系统方案如图8.3所示。

图8.2 谐波减速器结构示意图

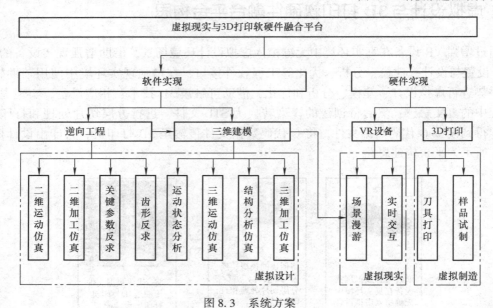

图8.3 系统方案

8.3 谐波齿轮虚拟设计

8.3.1 谐波减速器逆向工程开发

逆向工程是将现有的产品实物转化为CAD模型，并在此基础上对产品剖析、理解和改进，再进行二次开发设计。谐波减速器的逆向工程设计主要分为两个部分：谐波减速器结构尺寸的测量和谐波齿轮的齿形轮廓重建。在获取谐波减速器各组成部分的结构尺寸时，可以综合使用游标卡尺、三坐标测量仪进行测量；齿形轮廓重建则需要用精度更高的光学测量仪器。

1. 谐波减速器结构尺寸的测量

利用测量出的谐波减速器的三大构件——刚轮、柔轮、波发生器的结构尺寸，在 Auto-CAD 中绘制二维零件图。

2. 齿形轮廓重建

利用影像测量仪获取谐波齿轮的齿形轮廓，通过对轮齿取点再拟合的方法建立齿形数学模型。

3. 三维建模

完成齿形数学建模后，对相应机型齿形进行齿形拟合，并根据绘制的零件图建立三维模型。

8.3.2　齿形参数化设计系统

开发齿形参数化设计系统是为了更加方便地扩展反求的谐波减速器型号，减少在齿形反求和齿形仿真上的工作量。系统采用模块化设计思想，分为数据导入模块、特征识别模块、曲线拟合模块、运动仿真模块和显示模块，便于后续的调试和维护工作。

数据导入模块：主要作用是将采集到的齿形坐标文本文件导入到系统内部。同时，由于测量时的坐标系存在不统一的情况，故需要将齿形数据变换到柔轮运动仿真时所需的坐标系下。

特征识别模块：完成的功能主要是计算数据点集的局部近似曲率值，并根据曲率的变化设置阈值来标记特征点的位置。

曲线拟合模块：基于特征识别所标记的特征点，进行无约束拟合和约束拟合，然后将两种拟合方法得到的曲线以数学方程和图像的形式表现出来。

运动仿真模块：通过设置三大构件的结构参数对反求齿形进行运动仿真的交互模块。

显示模块：用于展示各个模块工作后得到的结果。根据设计的各功能模块，可以得到系统的工作流程图，如图 8.4 所示。

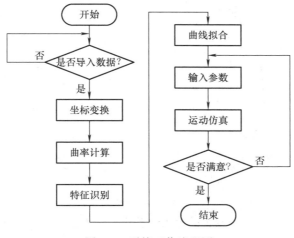

图 8.4　系统工作流程图

8.3.3 运动仿真

由于谐波减速器柔轮结构的存在，轴承外圈的工作原理比一般的齿轮传动要复杂，利用虚拟设计的方法不仅能够直观地展现其运动过程，还可以检验结构设计的合理性。柔轮的工作状态是由波发生器的形状决定的，在波发生器和柔轮的实际参数已知的情况下，可以通过计算分析得到柔轮工作状态下的几何形状特征。如图 8.5 所示，柔轮未变形时的齿顶圆直径为 d_a，分度圆直径为 d（图中未画），齿根圆直径为 d_f，柔轮壁厚为 c；波发生器的长轴半径为 a，短轴半径为 b，则可以得到变形后的柔轮长轴半径为 $a+c$，短轴半径为 $b+c$。

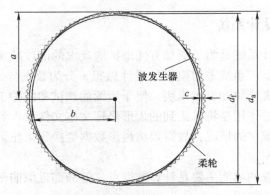

图 8.5　柔轮和波发生器结构尺寸图

结合齿形参数化系统，通过 AutoCAD 绘制单个轮齿；再利用上述分析得到的变形柔轮表达式，绘制椭圆；最后将单个轮齿沿变形椭圆曲线等距阵列 160 个，即可得到工作状态下的柔轮结构，如图 8.6 所示。

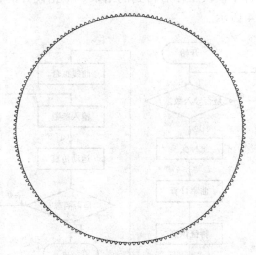

图 8.6　柔轮工作状态齿廓图

谐波减速器在工作时，刚轮是固定不变的，而柔轮因为装入波发生器的缘故，变成椭圆形。当波发生器旋转一周时，柔轮相对于刚轮转过两个齿，为方便计算，现拟定波发生器旋转 1.8° 为一个步长，将整个变形柔轮绕其中心旋转 200 次，得到图 8.7 所示的齿轮啮合过程，图中的粗实线为刚轮齿廓，线曲线族为柔轮齿廓。

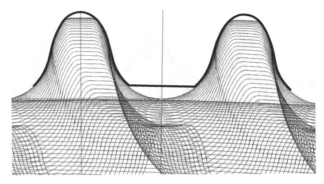

图 8.7　谐波齿轮啮合过程

通过图 8.7 可以发现，在波发生器推动下，柔轮的齿从啮合到逐渐分离，到完全分开，这中间该齿对应的椭圆的轴由长轴移动到短轴。将波发生器旋转 360° 相应齿对应的椭圆的轴由长轴移动到短轴，再由短轴移动到长轴，能够清晰地反映出谐波齿轮的啮合过程。

8.3.4　干涉分析

在谐波减速器中若两相互啮合的轮齿发生干涉，轻则加剧齿轮的磨损，缩短结构的使用寿命，重则导致轮齿相互顶死或者滑移，丧失工作能力。因此在完成谐波齿轮的设计后，必须进行干涉检查。使用逆向工程的方法可以反求出柔轮齿形曲线的方程、刚轮齿形方程以及原始曲线方程，根据包络理论将柔轮的运动轨迹在刚轮的坐标系下绘制出来，便可以检验干涉情况。工作流程如图 8.8 所示，首先在刚轮坐标系下绘制刚轮齿形；然后初始化波发生器 $\varphi_H = -180°$；同时将柔轮齿形方程代入包络方程求解刚轮坐标系下的柔轮齿形方程；最后设置迭代角度 $\Delta\varphi$，依次回代到包络方程式绘制对应 φ_H 的柔轮轮齿，直到柔轮转过两个齿，即 $\varphi_H = 180°$ 终止程序。

利用 Matlab 得到了迭代 60 次之后的柔轮轮齿的运动轨迹图，图 8.9 中曲线 1（红色）代表刚轮齿形轮廓，下面的曲线族（蓝色）为柔轮轮齿运动过程中形成的痕迹，从图中可以看出波发生器旋转一周的过程中，柔轮轮齿与刚轮轮齿没有发生干涉现象。

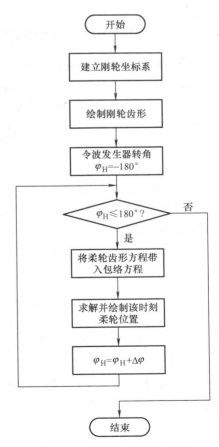

图 8.8　干涉检查工作流程图

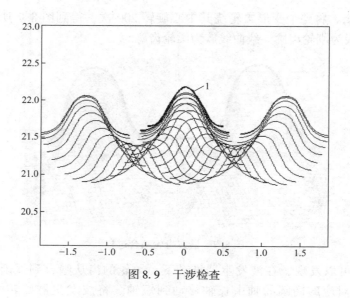

图 8.9　干涉检查

8.4　谐波齿轮虚拟加工仿真

8.4.1　基于 Matlab 的二维加工仿真

根据范成加工原理，利用 Matlab 模拟仿真双圆弧谐波齿轮的加工过程，主要工作包括刀具齿廓设计、毛坯尺寸确定以及范成加工过程仿真，刀具是通过齿廓法线法进行设计，毛坯则是根据齿轮分度圆和模数来确定的。

通过齿廓求解齿轮的加工刀具有两种方法：齿廓法线法和包络法。而齿廓法线法一般用于设计，包络法用于检验。

1. 刚轮插齿刀设计分析

齿廓法线法求解刀具齿廓方程的原理如图 8.10 所示。由刚轮齿廓上的任意一点 M 处的切线与刚轮固定的坐标系 X 轴之间的夹角 γ，通过刚轮和插齿刀的位置变换 φ_1 角 M 点成为两者的接触点。此时有

$$\begin{cases} \cos\varphi = \dfrac{x_1\cos\gamma + y_1\sin\gamma}{r} \\ \varphi_1 = \dfrac{\pi}{2} - (\gamma + \varphi) \end{cases} \tag{8.1}$$

式中　r——刚轮节圆半径，$r = a\dfrac{z_g}{z_g - z_d}$，$a$ 为刚轮和插齿刀之间的中心距，z_d 为刚轮插齿刀齿数。

通过坐标变换，将求得的刚轮插齿刀的相应齿廓坐标由 OXY 坐标系转换到 OX_1Y_1 坐标系中，其坐标转换的关系为

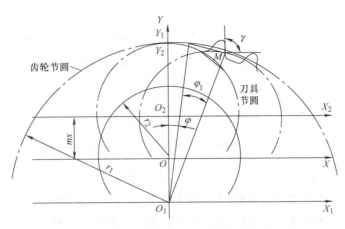

图 8.10　齿廓法线法求解刀具齿廓方程的原理

$$\begin{pmatrix} x_1 \\ y_1 \\ 1 \end{pmatrix} = \begin{pmatrix} \cos(\varphi_1 - \varphi_2) & -\sin(\varphi_1 - \varphi_2) & -a\sin\varphi_2 \\ \sin(\varphi_1 - \varphi_2) & \cos(\varphi_1 - \varphi_2) & -a\cos\varphi_2 \\ 0 & 0 & 1 \end{pmatrix} \begin{pmatrix} x \\ y \\ 1 \end{pmatrix} \tag{8.2}$$

式中　φ_2——刚轮与插齿刀由初始位置回转到 M 接触点时，插刀转动的角度。

通过刚轮的齿廓模型，利用坐标转换推导出刚轮插齿刀的齿廓参数，建立插齿刀齿廓模型。

2. 柔轮滚刀设计分析

柔轮为外齿廓，实物加工是利用滚刀进行加工，滚刀的实际模型与齿条类似，滚刀同样是根据齿廓法线法进行模型设计。由于齿廓与滚刀是外啮合，通过坐标变换的变换矩阵为

$$\begin{pmatrix} x_1 \\ y_1 \\ 1 \end{pmatrix} = \begin{pmatrix} \cos\varphi_2 & \sin\varphi_2 & r_2(\sin\varphi_2 - \varphi_2\cos\varphi_2) \\ -\sin\varphi_2 & \cos\varphi_2 & r_2(\cos\varphi_2 + \varphi_2\sin\varphi_2) \\ 0 & 0 & 1 \end{pmatrix} \begin{pmatrix} x \\ y \\ 1 \end{pmatrix} \tag{8.3}$$

式中　r_2——柔轮节圆半径。

3. 谐波齿轮虚拟加工分析

实际加工过程中，柔轮齿形与刀具齿形是时刻接触的，将这种状态转化成轮坯不动，刀具沿分度圆做纯滚动，这样柔轮齿形则变为各时刻齿条刀具齿形的包络。根据包络原理求解刀具的变换矩阵，如图 8.11 所示，刀具在初始位置 1 时，刀具齿形上 M 点的坐标为 (x_1, y_1)，当滚切到位置 2 时，刀具齿形上点 M' 的坐标变为 (x_2, y_2)，此时，刀具相对于柔轮平移了 $r\alpha$ 距离（r 为分度圆半径），转过了 α 角。上述变化相对应的矩阵为

$$\begin{pmatrix} x_2 \\ y_2 \\ 1 \end{pmatrix} = \begin{pmatrix} \cos\alpha & -\sin\alpha & 0 \\ \sin\alpha & \cos\alpha & 0 \\ 0 & 0 & 1 \end{pmatrix} \begin{pmatrix} 1 & 0 & r\alpha \\ 0 & 1 & 0 \\ 0 & 0 & 1 \end{pmatrix} \begin{pmatrix} x_1 \\ y_1 \\ 1 \end{pmatrix} \tag{8.4}$$

4. 仿真加工实例

选取双圆弧谐波齿轮，刚轮齿数 162，柔轮齿数 160，模数 0.5 mm，通过分析齿形结构模型，对短齿双圆弧谐波齿轮的齿廓进行分析，设计出短齿双圆弧谐波齿轮的齿廓数学模

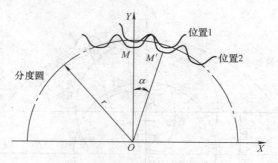

图 8.11 范成加工示意图

型。图 8.12 所示为短齿双圆弧谐波齿轮的单侧齿廓，图 8.12a 为刚轮的单侧齿廓，图 8.12b 为柔轮的单侧齿廓。在齿廓的上端圆弧部分和下端圆弧部分柔轮和刚轮的圆弧段的半径很接近，分别为 0.760mm 和 0.737 mm、0.500 mm 和 0.494 mm，共轭半径差异是由于柔轮在实际工作中发生变形。连接段采用圆弧段平滑过渡，可以避免实际运行中的应力集中以及疲劳损伤。

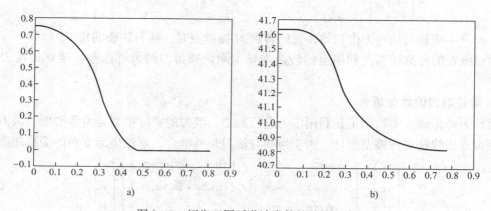

图 8.12 短齿双圆弧谐波齿轮的单侧齿廓

根据柔轮和刚轮的具体齿廓，利用齿廓法线法，对加工刀具尺寸进行设计，考虑柔轮和刚轮的啮合特性，分别进行设计，柔轮制造采用滚齿加工，其刀具为滚刀；刚轮制造采用插齿加工，刀具为插刀，其具体的形式如图 8.13 所示。

刀具齿廓为实际加工齿廓，在设计刀具时，在其齿廓参数加上顶隙 $0.25m$，以避免加工过程中产生根切现象。通过设计的双圆弧齿廓刀具和毛坯，利用 Matlab 进行虚拟加工仿真得到图 8.14 和图 8.15 所示的加工仿真结果。

由图 8.14 可以看出，刚轮的仿真结果与刚轮的实际齿廓相同，刚轮插刀采用 100 齿的插齿刀。仿真结果表明：插刀在设计过程中没有问题，说明在实际加工过程中原理正确，未发生理论错误。通过范成可以很好地指导实际加工过程。如图 8.15 所示，柔轮的插齿刀采用的是 160 齿的插齿刀具，由于柔轮齿数为 160，故采用 160 的柔轮插齿刀不会产生误差。仿真结果表明：插刀的设计符合实际加工的需求，可保证加工顺利进行。通过双圆弧谐波齿轮的范成仿真结果可以看出，利用双圆弧齿廓刀具设计出的柔轮和刚轮的齿廓与理论的齿廓相同，具有很好的设计结果。

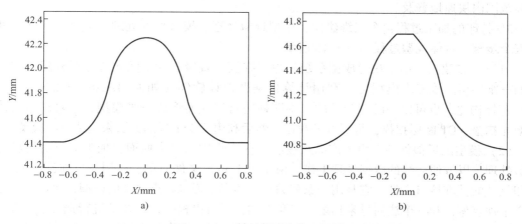

图 8.13　双圆弧谐波齿轮刀具图

a）滚刀齿廓　b）插刀齿廓

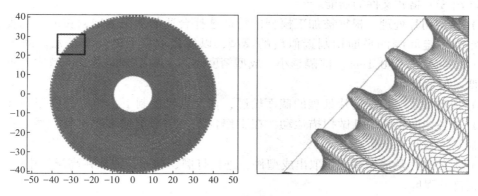

图 8.14　刚轮范成仿真结果及局部放大图

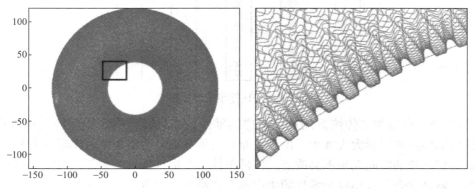

图 8.15　柔轮范成仿真结果及局部放大图

8.4.2　基于 3D 打印的三维实体加工

3D 打印机是一种以三维建模软件输出的数字模型文件为输入，运用粉末状塑料或者金属等可熔或者可黏合的材料，通过层层打印的方式来构造物体的装置。这项新型技术正在全世界范围内快速地普及。

3D 打印的加工过程包含三维建模、模型近似处理、模型切片处理、成型加工和后处理这五个步骤，具体成型过程如图 8.16 所示。

（1）三维建模 由于快速成型系统是由三维模型直接驱动，因此首先要构建所加工工件的三维模型。该三维模型可以利用计算机辅助设计软件（如 I-DEAS，Solidworks，UG 等）直接构建，也可以将已有产品的二维图样进行转换而形成三维模型，或对产品实体进行激光扫描、CT 断层扫描，得到点云数据，然后利用反求工程的方法来构造三维模型。

（2）模型的近似处理 由于产品往往有一些不规则的自由曲面，加工前要对模型进行近似处理，以方便后续的数据处理工作。由于 STL 格式文件简单、实用，目前已经成为 3D 打印领域的标准接口文件。它是用一系列的小三角形平面来逼近原来的模型，每个小三角形用 3 个顶点坐标和一个法向量来描述，三角形的大小可以根据精度要求进行选择。STL 文件有二进制码和 ASCII 码两种输出形式，二进制码输出形式所占的空间比 ASCII 码输出形式的文件所占用的空间小得多，但 ASCII 码输出形式可以阅读和检查，典型的 CAD 软件都带有转换和输出 STL 格式文件的功能。

（3）模型切片处理 根据被加工模型的特征选择合适的加工方向，在成型高度、方向上用一系列一定间隔的平面切割近似后的模型，以便提取截面的轮廓信息。间隔一般取 0.06~0.25mm，常用 0.1mm。间隔越小，成型精度越高，成型时间越长，效率越低；反之则精度低，但效率高。

（4）成型加工 根据切片处理的截面轮廓，在计算机控制下，相应的成型头（激光头或喷头）按各截面轮廓信息做扫描运动，在工作台上一层一层地堆积材料，然后将各层相粘结，最终得到原型产品。

（5）后处理 从成型系统里取出成型件，进行打磨、抛光，或放在高温炉中进行烧结，进一步提高其强度。

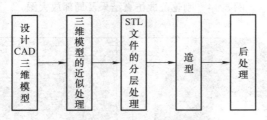

图 8.16　3D 打印成型过程

3D 打印技术可以加工传统方法难以制造的零件，并且能够实现零件的毛坯快速成型，这样会使后期辅助加工量大大减小。由于在原有模型基础之上建立新的模型所需的时间不会很多，而数据转换的时间几乎不会改变，使得单件、小批量生产的零部件的生产周期和成本大幅降低，特别适合单件小批量零件的生产和新产品的设计开发。因此利用 3D 打印技术可以快速制造出设计好的谐波齿轮及刀具，模拟实际的加工结果，进一步指导加工过程。

现对某机型进行 3D 打印模拟实际加工过程，将设计好的三维模型以 STL 格式保存，并导入到 3D 打印软件中。然后在软件系统中检查模型是否有缺损或漏洞的地方，再设置合适的打印参数，并在柔轮底部的法兰处添加支撑，如图 8.17 所示。完成上述操作后系统将根据模型的结构进行等厚切片处理，同时自动完成 G 代码的生成和打印路径的规划，如

图 8.18 所示。完成打印后把支撑去除得到如图 8.19 所示成品。

图 8.17　添加支撑

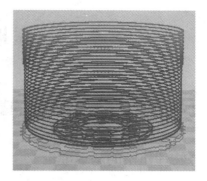

图 8.18　切片示意图

a)

b)

图 8.19　打印成品

a）刚轮　b）柔轮

第9章 虚拟环境下的物理建模

9.1 虚拟环境下物理建模的基本理论与方法

9.1.1 物理建模的基本理论

虚拟环境下的物理建模涉及的基本学科知识主要包括经典力学、计算几何、数值计算、程序设计、计算机图形学、机械工程学。图形用户能直接观察到的都是宏观的运动，在力学研究中，以牛顿为代表的经典力学体系刻画了这类物质的宏观运动，在物理模拟中，几何模型除了其几何属性之外，还被赋予了质量、速度、加速度等物理属性，其中质点动力学是一切力学的基础，一个宏观的物体被抽象成一个粒子，这个粒子也代表物体的质心。刚体是描述一类坚硬且变形可忽略不计的物体，刚体也可被理解为能旋转的粒子，因为刚体要考虑旋转时的情况，刚体不仅有质量还有转动惯量和角速度、角加速度等描述旋转的物理量。还有一类刚体和刚体互联起来的多体系统，或粒子和粒子互联起来的多体系统，称之为约束动力学，连接其中一个物体的运动受到另一个物体的束缚，也称之为关节，在自然界中多体系统大量存在，是一大类需要模拟的对象。

力学研究中大量的计算方法是分析和推导，以得到方程组的解析解，而事实上有大量的力学方程组是得不到解析解的。在这种情况下，计算机技术的发展，使得数值计算方法得到深入大量的研究，使得计算机成为解决工程问题和数学研究的重要工具。实时物理模拟也是一种数值模拟技术，类似于科学计算，也是通过分析实际问题得出数学模型，寻找合适的数值计算方法，然后设计程序输入到计算机计算。另外，刚体是不能相互贯穿的，要在计算机程序运行时发现碰撞是否产生，也要借助于计算。碰撞检测是一类几何算法，这是在计算几何学中集中研究的问题。这里讨论的是一类快速碰撞检测算法，以满足实时性的要求，具体涉及以下基本理论。

（1）基本动力学 包括粒子动力学和刚体动力学。

1）粒子动力学。粒子具有一定质量，但没有几何尺寸，在三维空间之中运动只有平动而没有转动。牛顿定律 $F=ma$ 就描述了粒子受力和加速度的关系。

2）刚体动力学。刚体运动中平移运动的部分和粒子动力学一样。但是刚体在平移的同时还旋转，理论力学中用世界坐标系与局部坐标系两个坐标系来描述空间坐标。世界坐标系固定在空间中，是不能旋转和平移的，而局部坐标系和刚体固结在一起，随着刚体旋转和平移。局部坐标系的原点就位于刚体的质心位置，相对世界坐标系运动。

（2）数值计算方法及解算器 一阶常微分方程的初值问题描述如下：

$$\frac{\mathrm{d}X}{\mathrm{d}t} = f(X, t)$$
$$X(t_0) = X_0$$

$$(9.1)$$

求解时，是将时间段 T 等分为 n 段，每段为 T/n，称为步长；$Y=f(X,t)$。微分方程数值计算程序采用迭代算法。算法描述为：

① 初始化状态向量 $Y=y(t_0)$，$t=t_0$。

② 按照约束条件满足状态，当迭代未结束。

③ 根据某种计算方法的迭代公式，计算 Y_{next}。

④ 根据状态向量 Y_{next} 的值更新几何模型。

⑤ $t=t+\mathrm{d}t$，$Y=Y_{next}$。

⑥ 转到步骤②。

（3）实时碰撞检测及碰撞响应　　碰撞检测问题是判断两个形体是否相交，如果不相交，显然两个刚体没有发生碰撞，如果相交则说明发生了碰撞，则要计算碰撞发生的时间和接触点位置。碰撞响应问题是当检测到碰撞何时何地发生时，则计算碰撞发生时刚体的接触力及运动状态的变化。碰撞检测算法是几何算法，碰撞检测的结果是得知当前两物体是碰撞了还是没碰撞。碰撞响应是数值计算，会调用动力学解算器解算。

包围盒碰撞检测。包围盒是一种包围刚体的基本几何体，用以提高碰撞检测的效率。由于刚体的形状可能是多面体，是由许多多边形组成的，直接检测两个多面体很耗时。因此把碰撞检测的过程分为两步，第一步是检测重叠的包围盒，第二步检测包围盒中包围的形体是否相交。包围盒碰撞检测事实上是一种预处理方法。

9.1.2　物理建模的基本方法

虚拟现实环境下的物理建模主要是依靠虚拟现实软件系统中的两大引擎——3D 图形引擎以及物理引擎来实现。

3D 图形引擎是构建虚拟三维环境的重要工具，它主要是调用主流的图形 API 函数，对常用图形学算法进行封装，提供更高级的图形功能调用，目前主要有 OpenGL 和微软公司的 Direct3D 两套 3D 图形 API，程序员可以直接调用这些 API 函数，来实现三维图形绘制工作。一些高级操作仍需要编制特定程序来实现，诸如读写某种格式的 3D 模型文件、管理三维场景、层次细节技术、三维文字等，3D 图形引擎将这些高级操作以类的形式封装，以高效的几何算法组织三维场景来提高场景渲染的速度，满足实时性的要求，以面向对象的程序设计方法来提供功能扩展和易维护性。

用于物理模拟的软件包被叫作物理引擎，物理引擎是以图形渲染引擎为基础工作的。物理引擎中计算的模型称为物理模型，一个物理模型的属性包括质量、位置、姿态、速度、加速度等。3D 图形引擎中操纵的模型称为几何模型，几何模型只有几何属性，包括位置、姿态。当物理模型受到力的作用后，物理引擎开始计算并更新其属性，然后更新其对应的几何模型的几何属性。这个计算过程每帧都发生，当该计算过程足够快且能保证 30 次/s 以上，交互和显示就很流畅了，60 次/s 以上效果将非常理想。

下面，将以行星减速器的虚拟装配、虚拟环境下的行星减速器动力学特性分析、虚拟环境下的桥式起重机驾驶模拟器物理建模三个实践案例来介绍虚拟环境下的物理建模的典型过程。

9.2 案例一：行星减速器的虚拟装配

9.2.1 虚拟装配概述

在 SolidWorks 中有三种设计装配体的方法，可以自上而下设计一个装配体，也可以自下而上地进行设计，或者两种方法结合使用。本案例主要采用了第二种方案——自下而上的设计方案，而在装配修改过程中则采用了第一种方案——自上而下的方案。

首先，设计是从每个零件开始的，因为根据总体设计要求，采用自下而上的设计思想，首先是确定每个零件的具体尺寸和参数，然后，根据这些参数在 SolidWorks 中做出每个零件的实体模型。虽然这些零件的参数是经过严格计算的，但是不一定每个零件在装配时都符合要求，诸如尺寸、配合关系、公差范围等。这些问题都有待于在装配过程中检查出来，在装配过程中就要仔细检查以便发现这些问题的所在，打开零件或在装配体中直接进行修改。因为在 SolidWorks 中所有的零件和装配体都是有尺寸参数联系的，这些零件与装配体之间是个联动关系，当改变零件中的尺寸时，装配体中的零件也被修改，并对装配体进行重新建模。在装配过程中进行修改设计即是自上而下的设计思想。所以说，整个设计过程既是自下而上的又是自上而下的。

9.2.2 虚拟装配过程

虚拟装配过程可以按运动单元子装配体分解装配，也可以按照子装配体装配再分解子装配体。两种装配方案各有利弊，可根据实际情况进行选择。

1. 按运动单元子装配体分解装配

根据分析，可以将多级行星减速器分解成几个子装配体以及其他少数一些零件，如图9.1、图9.2 所示。完成每一个子装配体后，再将子装配体装入总装配体。部分子装配体如图9.3～图9.6 所示。

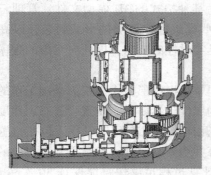

图9.1 总装配体

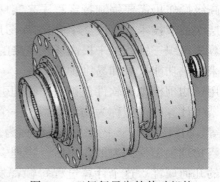

图9.2 三级行星齿轮传动机构

子装配体装配过程分三步：

① 新建一个装配体，插入基体零件。因为 SolidWorks 系统的装配配合是在零部件之间建立几何关系，以便于其他零部件来精确地定位零部件。因此，作为基体的零部件应该完全固定，这样才能使其他的零部件精确地定位。

② 继续插入其他零部件，可以用 SolidWorks 中的文件探索器来实现快速拖入零件。

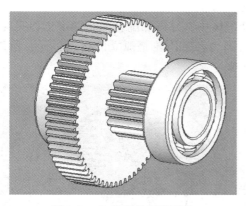

图 9.3　63 齿齿轮子装配体

图 9.4　行星齿轮子装配体

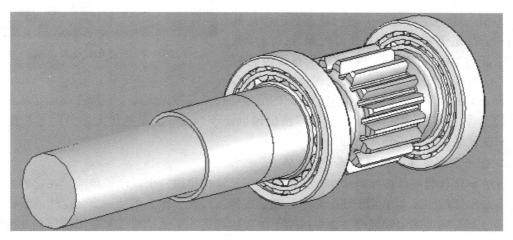

图 9.5　17 齿齿轮子装配体

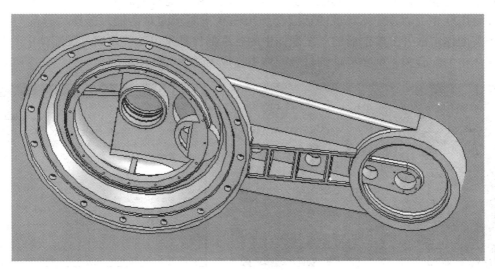

图 9.6　箱体底座

③ 添加配合关系，进行零部件定位，定位所有零部件。

依次将所有的零部件和子装配体都装配到总装配体中，并添加配合关系以定位和实现运动的配合，即完成整个模型的装配。在此过程中，因为各个齿轮是孤立的运动单元，所以，需要添加齿轮的配合使所有运动元件的运动联系起来。

在行星齿轮的配合中应当注意如何选择配合才能模拟真实的运动。将齿轮全部进行轴线定位后，图9.7所示的五个齿轮间的配合关系可以有两种确定方案：

① 让中心的外齿轮和三个行星齿轮按照传动比分别配合，而让其中的一个行星齿轮与内齿轮配合，如果让三个行星齿轮都与内齿轮配合的话就会出现过定位的错误。

② 让三个行星齿轮都与内齿轮配合，而让其中的一个行星齿轮与中心的外齿轮配合，这样就可以保证运动的真实性了。若让三个行星齿轮都与中心的外齿轮配合的话，也会出现过定位的错误。

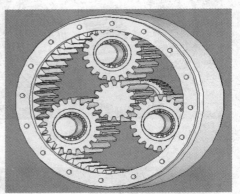

图9.7 行星齿轮传动结构

此方案的装配过程既能保证整个装配的简洁可行，又能保证每个零部件或运动单元子装配体的运动。而且装配后不易出错，即使出错也便于修改。但是这种方案分的子装配体过多，只能使装配过程得到部分的简化。

2. 按子装配体装配后再分解子装配体

此方案将各装配体按照行星齿轮传动级别以及结构排成三个转动子单元。在这种方案中没有将装配体按照运动单元子装配体来分割装配体，因此，作为单独一个装配体的时候，这三个部分都有确定的运动规律，而且每个子装配体都有一个运动输入和输出接口与其他部分相连接。但是由于每个子装配体都是作为一个运动零部件装配起来的，它们的运动在总装配体中就不能运动了，需要通过解散子装配体的方法来解决这种问题。

如将图9.8中的装配体解散的话就会弹出图9.9所示的对话框，选择"移除"即可将整个子装配体解散开，解散后的子装配体中的各零部件都是单独装入到总装配体中的，原来子装配体中的配合关系都被移动到总装配体中，成为总装配体中的配合。

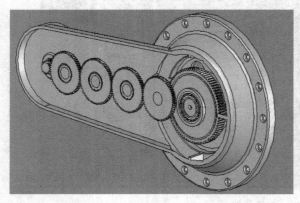

图9.8 箱体行星齿轮剖视图

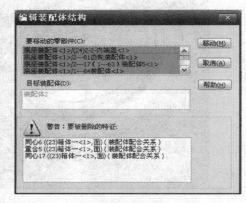

图9.9 解散子装配体对话框

但是此处一旦装配体中的配合有问题，有时候就会删除一些配合，如图 9.9 所示的警告窗口，在这个子装配体中，因为原来箱体是作为一个固定的基体装入子装配体的，因此，在这个子装配体装入总装配体后，箱体仍然是固定的，系统将删掉一些和其定位有关的多余配合，以解除其过定位状态。删除这些定位关系是一种解决方法。还可以在解散子装配体之前将子装配体中的固定零件设置为浮动状态后，再解散子装配体，从而可以避免删除一些过定义的配合。而且在删除过定义的配合后，总装配体的配合就和子装配体的叠加在一起，所以，很不便于零件配合的检查和修改。而且不能清楚地知道每个零部件是否都已经精确定位。因此，这种操作虽然比前面装配的时候更方便，但是其不确定性更高，也不便于修改，因而给模拟带来一定的困难。

9.3　案例二：虚拟环境下的行星减速器动力学特性分析

9.3.1　ADAMS 软件动力学仿真分析流程

ADAMS 是常用的动力学仿真分析软件，其进行动力学仿真分析的流程如下。

1）建立分析模型：相对于 ADAMS 而言，三维设计软件 SolidWorks 的建模能力更强，操作也比较方便。所以，可以用 SolidWorks 建立模型，然后导入到 ADAMS 中进行分析。

2）完善导入模型，添加合理必要的约束。

3）仿真之前的参数设置，利用 ADAMS/View 自定义仿真输出量，并利用这一模块提供的样机模型自检工具对整机模型进行自检，接着设置仿真分析控制参数，最后设置虚拟样机相关参数以及输入载荷进行仿真分析。如果要进行振动分析，需加载 ADAMS/Vibration 模块。

9.3.2　一级行星结构的动力学仿真及结果分析

图 9.10 所示为一级行星齿轮传动三维模型，图 9.11 为其传动原理简图。以左端太阳轮 a 转轴为输入轴，右端行星架转臂 b 为输出轴，在 ADAMS 中建立虚拟样机。在 ADAMS/View 模块中输入仿真时间为 120s，仿真步长为 step size =0.1，仿真结果如图 9.12 ~ 图 9.15 所示。

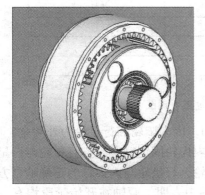

图 9.10　行星齿轮传动模型

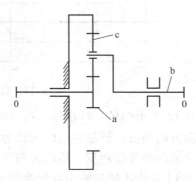

图 9.11　行星齿轮传动原理简图

　　图9.12为行星齿轮中心在垂直于轴向平面内的位移变化曲线。该曲线为正弦与余弦曲线，表明行星齿轮绕主轴做匀速公转，且齿轮正常传动。

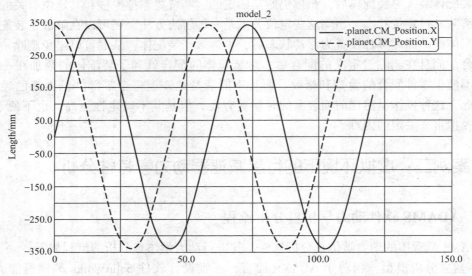

图9.12　行星齿轮中心在垂直于轴向平面内位移变化曲线

　　图9.13为输入轴与输出轴角速度对比图。表明经过一级行星齿轮传动机构后达到减速目的，且输入轴与输出轴同向传动。

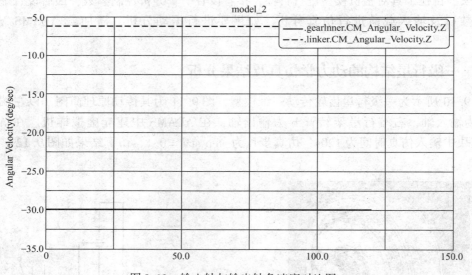

图9.13　输入轴与输出轴角速度对比图

　　图9.14为太阳轮、行星轮、行星架角速度对比图。因太阳轮和行星轮为外啮合，所以，两轮传动方向相反；行星轮与内齿轮为内啮合，又因内齿轮固定，所以，行星轮与行星架转臂及输出轴传动方向相反。该图表明了太阳轮与行星轮、行星轮与内齿轮的正确啮合方向。

　　图9.15为输入轴和输出轴加速度变化对比图。图中表明，两轴在开始阶段均有一个短期的加速过程，且加速度迅速减小直至为0，最终达到匀速传动状态。

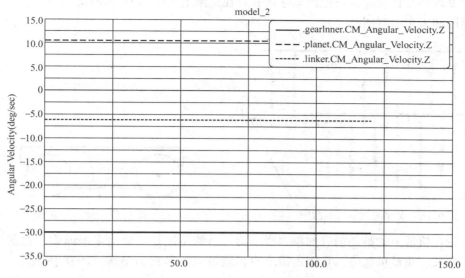

图 9.14　太阳轮、行星轮、行星架角速度对比图

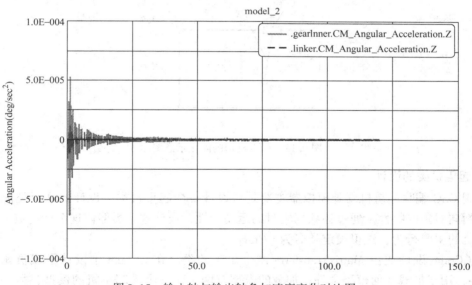

图 9.15　输入轴与输出轴角加速度变化对比图

9.4　案例三：虚拟环境下的桥式起重机驾驶模拟器物理建模

9.4.1　起重机模拟器视景系统设计

1. 起重机的零部件组成

起重机驾驶模拟程序设计的第一步要分析起重机的运动部件及组成。整个起重机包括起重机天车导轨支撑架和天车系统两大部分。本例中的起重机的支柱由 9 对工字钢组成，天车

导轨支架安置在支柱顶端，再把天车导轨安置在支架上。图 9.16 和图 9.17 分别是支撑架的结构示意图和天车示意图。

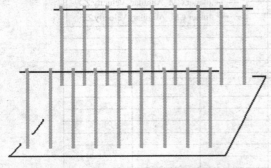 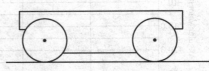

图 9.16　支撑架的结构示意图　　　　　　图 9.17　天车示意图

将车轮在轨道上的滚动前进抽象为滑动副。吊钩系统是一个由多根绳索连接的摆动体，当绳索足够长、质量可忽略，且摆角很小时，则可以将其视为单摆。图 9.18 是起重机构的简化示意图。

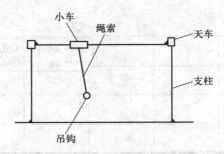

图 9.18　起重机构的简化示意图

2. 起重机类的设计

使用 OSG 编写起重机驾驶模拟器主要是要设计一个起重机类。设计的这个类能够很好地体现面向对象的特性。通过抽象驾驶时的运动特性，设计这个类能使这个类的成员函数包括起重机的主要行为，这里设定类名为 CCrane。

类 CCrane 设计成由 MatrixTransform 派生出来的类。在 CCrane 中设计了成员函数 initFromFile，用于加载几何模型文件，加载的模型有两个，一个是起重机的模型，另一个是要吊起来的物体的模型。在这个成员函数中还要完成的很重要的一项任务就是创建一个场景树用于控制模型的运动。

由于桥式起重机的机构特点，其具有三个虚拟控制手柄，分别是控制天车运动的手柄、控制小车运动的手柄、控制吊钩升降的手柄，这样在设计场景树时，设计如下的逻辑结构，如图 9.19 所示。

图中的椭圆形代表 PositionAttitudeTransform 节点，矩形代表几何模型节点，几何模型节点是从文件中加载的。Cart 是这个场景子树的根节点，显然设置这个根节点的位置姿态将达到控制天车、小车、吊钩的目的。同理，Handcart 用于控制吊钩和小车，Hook 用于控制吊钩。在类 CCrane 中，设计的 m_Parts 这个数组就用于保存 Cart、Handcart 和 Hook。

图 9.19　起重机几何模型场景组织

在程序中是可以通过键盘控制起重机的运动的，所以要响应键盘输入。这里没有采用 MFC 的消息映射来响应按键，而是采用 Procedure 库中的 KeyboardMouseCallback 类来集中响应按键，方法是从 KeyboardMouseCallback 类中派生出来类 MFCKeyboardMouseCallback。这个类之中，将虚函数 keyPress 和 keyRelease 重写以达到响应按键的目的。

这样控制起重机运动的代码就是围绕着设置 Cart、Handcart、Hook 的工作展开的。规定在默认情况下，起重机大车沿 y 轴运动，起重机小车沿 x 轴运动。在设计 CCrane 类时，设计了 m_fSpeed 数组用于保存天车和小车匀速运动时的速度。天车或小车除了开动时或停止时分别处于加速和减速运动状态，正常运行过程中基本平稳而没有明显速度变化。由于天车和小车在一维线性导轨上运动，所以自由度为一。因此，在模拟天车和小车运行时就没有考虑动力学问题，即以运动学来模拟，认为是一种匀速直线运动。在开动时和停止时是匀加速和匀减速状态。

在模拟轮子的滚动时，认为轮子和导轨之间是纯滚动。则已知轮轴心的线速度是 v，轮半径是 r，经过时间 t 后轴心的线位移是 vt，则轮子转动的角度为

$$\theta = \frac{vt}{r} \tag{9.2}$$

角速度为

$$\overline{\omega} = \frac{\theta}{t} = \frac{v}{t} \tag{9.3}$$

在程序中先计算当前时刻 t_{cur} 与前一时刻 t_{pre} 的时差 dt，则当前轮子的位置为

$$p_{cur} = p_{pre} + v \times dt \tag{9.4}$$

当前轮子的角度为

$$\theta_{cur} = \theta_{pre} + dt \times v/r \tag{9.5}$$

这些公式在 update 成员函数中实现。

3. 起重机类的更新回调类的设计

起重机的运动控制也是通过更新回调机制来实现的。在 OSG 进行每一帧渲染时，都会调用 update 函数，在 update 函数中，将遍历场景树，对每个节点调用节点的 update 函数。所以在实现模型的位置姿态控制时，就要编写自己的更新回调类，其目的就是重写节点的 update 成员函数，所有的控制代码将在 update 中实现。

9.4.2　驾驶观察模式摄像机实现

摄像机是随驾驶舱一起运动的，在驾驶者开动天车时，摄像机的位置随天车一起运动，

这时的摄像机是一种随动的摄像机，如图9.20所示。

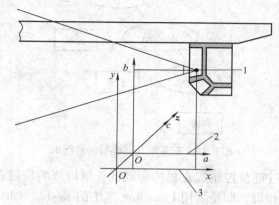

图9.20　随动摄像机
1—视点　2—局部坐标系　3—全局坐标系

当开动天车时，设置好正确的摄像机的关键是计算出视点在全局坐标系中的位置。设视点在局部坐标系中的位置为 (a, b, c)，天车开动时的 t 时刻，天车所在的局部坐标原点在全局坐标中的位置是 (x, y, z)，视点在全局坐标系中的位置是 (A, B, C)，则

$$\begin{cases} A = x + a \\ B = y + b \\ C = z + c \end{cases} \tag{9.6}$$

计算出视点的全局坐标位置后，就可以设置摄像机的位置了，而摄像机的观察方向和摄像方向是常量。在实际模拟中，还要考虑天车和驾驶舱的振动，视点会随着振动，设振动量为 (i, j, k)，则修正后的公式为

$$\begin{cases} A = x + a + i \\ B = y + b + j \\ C = z + c + k \end{cases} \tag{9.7}$$

振动量设定的前提是不能使画面抖动且要保持平滑，有一定的随机振动量在其中。

9.4.3　吊钩摆动的运动模拟

1. 吊钩系统摆动时的力学分析

在起重机作业时，会受到多种力的作用，这些力以载荷的形式作用于起重机的天车、小车、吊钩、重物和钢丝绳，从而影响着起重机的运动状态。

（1）自重载荷　自重载荷主要是起重机自身的重力。起重机是一个多体系统，主要的部件有天车、小车、吊钩。起重机的各部件的重量分布采用估算的方法。使用简单的几何形体来近似。

（2）起升载荷　由于吊物、钢丝绳、吊钩具有较大质量，在具有向上的加速度时，会对钢丝绳产生很大的拉力。在起重机设计时会考虑起升载荷的影响，钢丝绳和起重机会产生形变。如果形变在宏观上不可见，在模拟吊装货物时不会考虑形变，但要考虑吊物、钢丝绳、吊钩的质量。

（3）水平载荷　在运行机构起动时，起重机自身质量产生的惯性力，起重机设计手册上是按照起重机自身质量与运行加速度乘积的 1.5 倍来计算的。在模拟中，会考虑这个惯性力的效应，通常这个系数在 1.2 左右效果比较好。

（4）空气载荷　当起重机起动时，吊物和钢丝绳会受到空气阻力的影响，如果风速比较大，风载荷不容忽视。一般空气阻力和吊物的线速度成正比。引入空气阻力会使模拟比较平稳，吊钩系统的动能减小，从而稳定吊钩的运动。

2. 单摆的模拟

吊钩是通过钢丝绳与卷筒相连的，其简化的模型是摆球模型，即物理学中说的单摆。当摆幅很小时，即摆角小于 5°时，可近似为单摆。由于钢丝绳的质量很大，就不能忽略钢丝绳的质量，特别是吊钩上没有吊重物的时候。这时吊钩模型就应近似为轻质杆，一端固定在原点，一端和一个球体固连。用下面的模型在小角度摆动时来模拟吊钩在起重机未开动时候的小角度摆动。

刚体绕定轴转动的微分方程组为

$$\frac{\mathrm{d}\theta}{\mathrm{d}t} = \omega$$

$$\frac{\mathrm{d}\omega}{\mathrm{d}t} = \frac{\sum T}{I} \tag{9.8}$$

I 是刚体对定轴的转动惯量。每一时刻吊钩摆的模型的转动惯量是一个定值，杆对 z 轴的转动惯量为

$$I_{杆} = \frac{1}{3}\rho l^3 \tag{9.9}$$

球对球心处的局部坐标的 z 轴的转动惯量为

$$I_{球}^* = \frac{2}{5}mr^2 \tag{9.10}$$

根据平行轴定理，可得到球体对 z 轴的转动惯量为

$$I_{球} = I_{球}^* + ml^2 \tag{9.11}$$

则整个摆的模型对 z 轴的转动惯量为

$$I_{摆} = I_{杆} + I_{球} \tag{9.12}$$

当吊钩摆动到摆角为 θ 时，杆和球体的重力作用，将对坐标原点产生力矩，有

$$T_{摆} = -mgl\sin(\theta) - (\rho l)g\frac{1}{2}\sin(\theta) \tag{9.13}$$

给出 θ 的初值，这样就可以解算刚体绕定轴转动的微分方程组。

在计算转动惯量时，还考虑了实际绕线是多根钢丝绳，则要修正模型，计算每根钢丝绳的转动惯量。

在解算出 t 时刻的角度 θ_t 后，则球的位置为

$$\begin{cases} x_t = l\sin(\theta_t) \\ y_t = -l\cos(\theta_t) \end{cases} \tag{9.14}$$

钢丝绳的两个端点要根据吊钩动滑轮和定滑轮的几何位置计算出来，如图 9.21 所示，已知动滑轮和定滑轮的半径参数，在当前迭代时确定滑轮的轮心为 A，动滑轮的轮心为 B，计算切线段 CD，计算出 C、D 位置后，就能绘制出钢丝绳。

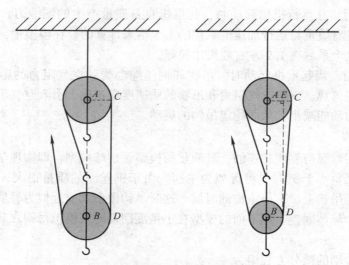

图 9.21   定滑轮与动滑轮组

当两轮半径相等时，则 *CD* 平行于 *AB*，这时 *AC* 的长度等于轮半径，*AC* 的角度等于 *AB* 的角度减 90°，能够计算出点 *C* 坐标，点 *D* 同理计算。

当两轮半径不相等时，假设 *AC* 比 *BD* 长，由 *D* 作 *DE* 垂直于 *AC*，则三角形 *DEC* 是直角三角形。*CD* 的长度、方向由点 *C*、*D* 确定，*CF* 长度等于两轮半径之差。可以计算出 *DC* 的方向角，就可以确定点 *C*。向量 *BD* 和向量 *AC* 方向相同，也可以计算出点 *D*。

程序根据上面的方法编制。当钢丝绳拉直时，有时也发生振动。这时点 *C*、*D* 会发生微小位移，所以加上变量 offset 补偿。

3. 吊钩小车系统建模

吊钩小车系统如图 9.22 所示。小车沿 *x* 轴运动，吊钩通过钢丝绳连接小车，吊钩受到钢丝绳的拉力和自身重力作用，同时小车受到牵引力和绳的约束反力，反力在 *x* 方向的分力起到了阻碍运动的作用。

小车的质量为 *M*，吊钩和钢丝绳的质量为 *m*，摆长为 *L*，牵引力为 *F*，小车的运动微分方程为

$$\ddot{x} = (F - T_x)/M \tag{9.15}$$

其中，T_x 为拉力在 *x* 方向的分力，$T_x = T \times \sin\theta$。

设吊钩的坐标为 (x_d, y_d)，小车的坐标为 (x, y)，$y = c$，则

$$\begin{cases} x_d = x + L \times \sin\theta \\ y_d = y + L \times \cos\theta \end{cases} \tag{9.16}$$

$$\begin{cases} \dot{x}_d = \dot{x} + L \times \dot{\theta} \times \cos\theta \\ \dot{y}_d = -L \times \dot{\theta} \times \sin\theta \end{cases} \tag{9.17}$$

$$\begin{cases} \ddot{x}_d = \ddot{x} + L \times (\ddot{\theta} \times \cos\theta - \dot{\theta} \times \dot{\theta} \times \sin\theta) \\ \ddot{y}_d = -L \times (\ddot{\theta} \times \sin\theta + \dot{\theta} \times \dot{\theta} \times \cos\theta) \end{cases} \tag{9.18}$$

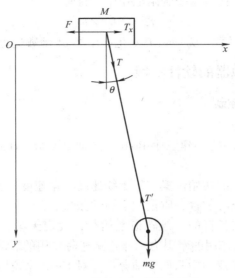

图 9.22　吊钩小车系统示意图

$$\begin{cases} \ddot{x}_{\mathrm{d}} = -T \times \sin\theta / m \\ \ddot{y}_{\mathrm{d}} = g - T \times \cos\theta / m \end{cases} \tag{9.19}$$

设时刻 t，小车的速度为 $\dot{x}(t)$，位置为 $x(t)$，角位移为 $\dot{\theta}(t)$，角位移为 $\theta(t)$，则可以解算上组运动微分方程。

4. 阻力和阻力矩

实际的吊钩不是一根钢丝绳连接在小车上的，可以近似为图 9.23 所示的模型。

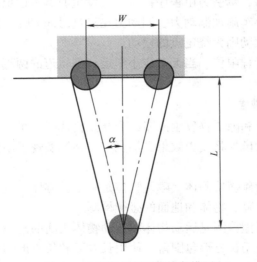

图 9.23　吊钩小车系统抽象模型

当定滑轮跨度 W 远小于 L 时，将逼近单摆。而 $L > W$ 时，$\tan\alpha = W/(2L)$，这时摆动将呈现大阻尼现象，吊钩摆动后将衰减，很快稳定下来，这时每根钢丝绳就不能设为刚体，绳

体近似定长度的线性弹簧，而且将受到阻尼作用，将阻力设为

$$f_z = s(L) \times v \qquad (9.20)$$

其中，v 是速度；s 是阻尼系数，为摆长 L 变化，用类 e^x 函数逼近。

9.4.4 起重机驾驶模拟器的软件实现

1. 物理模型的创建和控制

物体的创建步骤依次是：

1）针对天车、小车、吊钩创建三个 Body，分别是 Cart、Handcart、Hook，障碍杆创建一个 Body，命名为 obsta。

2）然后设置三个 Body 的初始位置、初始线速度和角速度（都为零）。

3）计算各个 Body 的质心位置、质量、主惯性张量。

由于天车和小车分别在各自的一维轨道上运行，设定天车在 y 轴运行，小车在 x 轴运行。对于 Cart，起动加速时作用的牵引力和停止减速时作用的制动力都沿 y 轴方向，而开动时吊钩摆动时对 Cart 的约束反力中只取 y 轴分量。对 Hcart 来说则在 x 轴方向。

吊钩的摆动是两个方向的运动的合成。分别在面 yz 和面 xz。在两个面解算吊钩小车系统的动力学模型，然后合成运动。当开动天车时，吊钩在面 yz 摆动，这时模型中的小车应是天车和小车固定在一起。而只开动小车时，吊钩在面 xz 摆动，这时模型中的小车就不包括天车。

吊钩在时刻 t 时满足滑轮组的几何约束，几何约束保证了钢丝绳伸长为 L，即将钢丝绳投影在两个坐标平面上，分别处理每个面的投影。

对模型的控制则是通过对天车或小车施加力实现的。当驾驶者操纵驾驶杆开动小车时，相应的牵引力被加载到小车，当一直开动时，天车将经过一段时间的加速，这时牵引力为一个定值，到达一个速度后，牵引力由程序控制，会发生波动，以保证小车匀速运动。当制动时，牵引力设为零而对小车施加制动力，制动力在经过时间 t 后，制动力为零，且小车速度也设为零，吊钩这时的摆动则为绕定点的摆动。

在控制中还加入了行程限位。当天车或小车运行到轨道的两端时，减速为零，程序将不响应交互。

2. 碰撞检测和模拟碰撞

吊钩在运行过程中会和障碍物发生碰撞，当撞到物体时，吊钩和障碍物的运动状态都将发生变化，对碰撞现象的模拟将使得效果更加真实。系统实现了吊钩和障碍物的碰撞模拟并对碰撞现象开展研究。

吊钩是用圆柱体作为碰撞检测体，障碍物体是一个长方体。碰撞检测包括两方面：吊钩和障碍物体的碰撞检测；障碍物体和地面的碰撞检测。

吊钩和障碍物体的碰撞检测是运动物体和运动物体之间的碰撞检测。为了加速碰撞，在吊钩的碰撞检测体外再使用长方形包围盒，使用长方形和长方形的相交检测来实现包围盒级别的预检测。从 ShapeAttrib 类中派生 BoxGeom 类和 CylinderGeom。创建一个 Box 和一个 Cylinder 给吊钩，BoxGeom 包含 CylinderGeom。而障碍杆只用一个 BoxGeom，命名为 Obst。

碰撞模拟的程序步骤为：

1）设置 Box 的标志为 NOT_LEAF_NODE，设置 Cylinder 为 IS_LEAF_NODE。

2）设置 Obst 为 IS_LEAF_NODE。

3）将 Box 添加到 hook 中，将 Cylinder 添加到 Box 中，将 Obst 添加到 obsta 中。

4）在碰撞检测更新到回调函数中时，执行碰撞检测。实现的过程是：首先调用碰撞检测函数，判断 Box 和 Obst 是否碰撞，如果没有碰撞，则返回；如果碰撞，检查当前两个几何体的标志，这时存在三种情况，当检测的两个几何体之一 NOT_LEAF_NODE，取得包围盒包含的几何体，递归执行碰撞检测，直到碰撞检测的两个几何体的标志都是 IS_LEAF_NODE，如果还没碰撞，说明 Box 和 Obst 没有发生碰撞，否则，执行下一步。

5）执行接触点计算，寻找出碰撞的位置和碰撞处的平面的法向量。将吊钩的线速度沿法向量方向投影，计算法向量方向的动量，取得障碍杆质量相对吊钩很轻且碰撞时发生弹性碰撞，设置碰撞后障碍杆的速度为吊钩的 $1/n$，n 数值是用于调整反弹的程度大小相关系数。

以上是运动物体和运动物体的碰撞模拟，当障碍杆搁置在地面上，或碰到墙面时，是运动物体和静止固定物体的碰撞。地面和墙壁都是用 BoxGeom 作为碰撞检测体，碰撞检测的过程和上述的前三步相同，目的是要得到碰撞的位置和碰撞面的法向量。在第四步时，杆撞到墙壁或地面后会损失动能，而墙壁或地面仍然静止不动。通过设定地面和墙壁的表面摩擦因数、碰撞阻尼系数、最小碰撞速度，当杆撞到地面，接触点的速度将投影到法向和平行表面的方向，表面摩擦因数会使表面方向的速度分量减小，而碰撞阻尼系数会使法向速度分量减小。当接触点的速度小于最小碰撞速度时，法向速度分量为零，杆会静止或沿表面滑行。

图 9.24 就是起重机模拟器运行的截图，图中的吊钩（左侧）在驾驶操纵时会发生偏摆。

图 9.24　起重机模拟器运行的截图

第 10 章　增强现实案例——虚拟与现实融合
的路径可调室内攀岩机

10.1　增强现实技术的应用

AR 主要应用在以下几个方面：

1）提供环境相关信息：当你在某个国家旅游，面对满眼的异国文字而一头雾水时，拿出 AR 智能手机，对着文字一拍，就可以翻译成为你能够看得懂的文字。

2）增强人类意识：当你带上 AR 眼镜，在户外跑步时，可以看到自己实时的位置、跑步速度、心率，以及所处位置的空气质量。

3）融合现实的模拟：顾客站在一种 AR "魔镜" 前，可以变换、选择衣服的款式和颜色，确定哪个款式和颜色更适合自己。

4）虚拟交互：运用 AR 技术，你可以遥控家里的电灯、电器。

5）医疗领域：医生可以利用 AR 技术进行手术部位的精确定位。

6）军事领域：部队可以利用 AR 技术进行方位的识别，实时获得所在地点的地理数据等重要军事信息。

7）文物古迹复原和数字化文化遗产保护：文物古迹的信息以 AR 的方式提供给参观者，用户不仅可以通过 HMD 看到文物古迹的文字解说，还能看到遗址上残缺部分的虚拟重构。

8）工业维修领域：通过头盔式显示器将多种辅助信息（如虚拟仪表的面板、被维修设备的内部结构、被维修设备的零件图等）显示给用户。

9）网络视频通信领域：使用 AR 技术和人脸跟踪技术，在通话者的面部实时添加诸如帽子、眼镜等虚拟物体，提高视频对话的趣味性。

10）娱乐、游戏领域：AR 游戏可让位于全球不同地点的玩家，共同进入一个真实的自然场景，以虚拟替身的形式，进行网络对战。

11）旅游、展览领域：人们在浏览、参观的同时，通过 AR 技术可接收到途经景观的相关资料。

12）市政建设规划：采用 AR 技术将规划效果叠加到真实场景中，直接获得规划的效果。

AR 具有很强的移动属性，应用场景比 VR 更丰富，一般认为 2020 年 AR 相关的市场规模是 VR 的 4 倍左右。打个比方，在下一代计算平台中，AR 和 VR 的关系就相当于智能手机与 PC 的关系。

10.2　虚拟与现实融合的路径可调室内攀岩机设计背景和思路

由于户外攀岩运动具有很大的局限性，室内攀岩运动成了广大攀岩爱好者的选择。根据其依托形式，室内攀岩运动主要分为依托室内攀岩墙与依托室内攀岩机两种。由于具有结构灵巧、占地面积较少等优点，采用新型依托形式的室内攀岩机受到了越来越多健身爱好者的青睐，在当前的室内攀岩运动中所占比重有所上升。

10.2.1　室内攀岩机研究现状

1. 国内室内攀岩机研究现状

由于室内攀岩机制造成本较高且体验感较差，在国内的室内攀岩机市场仍是一个比较冷门的行业。目前国内市场上的室内攀岩机只有小型履带式攀岩机和家用小型脚踏式攀岩机。其中只有小型履带式攀岩机在国内有自主生产，如图 10.1 所示。

图 10.1　Apecial Training 攀岩机

此室内攀岩机为北京某体育公司所自主生产，其外形仿照国外的经典履带式攀岩机设计，能使用户在攀岩机上保持相对稳定的攀爬过程，由变幅机构完成前后定角 ±30° 的变幅，并能记录用户的攀岩速度与攀岩时间等信息，基本达到了室内攀岩机的效果。

与传统攀岩形式相比，这种攀岩机仍然存在不足之处：①由于攀岩抓手通过螺栓固定在攀岩板上，抓手是规则排列，攀岩路径固定，用户在攀岩过程中会不断重复路径，影响用户攀岩体验；②变幅机构为前后定角度变形，无法实现用户自定义角度变幅，难以给予用户攀岩陡峭山峰的真实体验；③缺乏急停保护等安全措施，难以保障用户在攀岩过程中的安全。根据传动方式不同，当前室内攀岩机分为两种：第一种为通过电动机控制蜗轮减速器，实现攀岩机传动，从而实现攀岩者在攀岩机上相对稳定的攀岩过程，与履带式攀岩机相似；第二种为电动机带动链轮转动，并通过调速器控制传动速度实现传动，与跑步机相类似，通过攀岩机的自动旋转实现用户在攀岩机上的不断攀岩。

　　两类传动方式都采用机械结构控制的方式实现传动，但由于机械结构的传动特殊性，无法设置急停保护功能，对用户安全保护措施有待改进。同时传统攀岩机攀岩抓手一般采用固定式，无法变更攀岩抓手位置，使得攀岩用户攀岩体验较差。

2. 室内攀岩机国外研究现状

　　从2010年初，美国有多家登山器械公司开始着手研究适用于攀岩爱好者的室内攀岩机，至今已有多种室内攀岩机投入市场，下面是最为典型的两种室内攀岩机。

　　1）2012年生产的Treadwall M4型室内攀岩机是普及度最广的攀岩机，其属于履带式攀岩机的典范，为第一代较为成熟的履带式攀岩机，如图10.2所示。

　　这种攀岩机利用人体重力带动履带的转动，每当用户往上攀登一段则履带下降一段，使用户始终保持在一个较为稳定的位置。但其仅基本实现了用户持续攀岩的过程与攀岩机的定角度变幅效果，无法记录用户的多种攀岩信息，同时仍存在路径固定、无安全保护和体验感较差等多种室内攀岩机典型问题。

　　2）2015年美国Climb Station公司生产了新型的Climb Station室内攀岩机，如图10.3所示。其传动方式与攀岩形式和Treadwall室内攀岩机类似，并采用类三角形的背部设计，给予内部足够的空间布置控制组件，初步解决了变角度的问题，但其保护措施不佳，没有急停保护与适当保护用户的外部设备，同时，在攀岩过程中，依然存在用户的攀岩路径难以变更的问题。

图 10.2　Treadwall M4 攀岩机

　　综上所述，国外的室内攀岩机仍存在无法实现路径变更、定角度变幅、信息反馈单一和体验性差的问题，其仍处于"攀岩工具"的研发阶段，并没将攀岩机与用户的人机交互作为研究核心。并且国外的攀岩机反馈能力较差，用户无法在攀岩后得知自己在运动过程中自己的攀岩数据与身体数据，仍属于无信息反馈的健身运动，这对于用户的体验感具有较大影响。

图 10.3　Climb Station 攀岩机

10.2.2　攀岩机的改进

总结现有攀岩机的缺陷，以攀岩机的路径变更、体验感提升以及增强信息反馈为出发点，采用将机械系统与虚拟现实相结合的方法，并联入信息系统用于分析用户攀岩数据，设计了虚拟与现实融合的路径可调室内攀岩机，用于实现用户对室内攀岩健身的要求，给予其沉浸式的虚拟现实体验，并将用户攀岩过程中的攀岩信息与身体信息分析后得出用户的训练报告。

1. 虚拟样机设计思路

在虚拟样机的机构设计过程中，首先对攀岩机的机械运动原理以及功能进行初步的设计，然后使用 SolidWorks 软件进行 3D 精确建模，同时使用 3ds Max 软件制作机构运行动画，并利用 ANSYS 进行机械结构强度分析。虚拟样机的制作思路如图 10.4 所示。

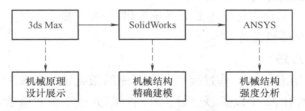

图 10.4　虚拟样机的制作思路

2. 虚拟现实系统设计思路

虚拟现实系统旨在开发一种基于 Unity3D 引擎的攀岩机。用户登录系统后，可通过体感控制器，来选择攀岩模式和攀岩山峰；可以对音频、视频等系统设置进行自定义；可以选择难度级别不同的攀岩路径。为保证平台开发的系统性与完整性，率先完成系统架构设计。

虚拟现实系统的设计思路如图 10.5 所示，依据开发需求，系统架构划分为功能界面层、逻辑计算层、数据存储层、平台支持层等四个层次，每个层次分为多个子模块，各个模块之间既相互独立，又相互关联。

图 10.5 虚拟现实系统设计架构

（1）功能界面层 功能界面层是用户和管理员同系统进行交流的窗口，是实现系统功能的应用界面，不同的用户可以根据自己的需要对攀岩模式、攀岩山峰和系统设置选项进行自主选择。

（2）逻辑计算层 根据用户与平台交互过程中的操作行为，在系统的后台进行物理引擎计算、可见性计算和动态加载等内容的逻辑计算。对用户登录权限进行管控，编写场景切换控制脚本，实现网络通信和实时渲染的开发。

（3）数据存储层 在数据层中，存储了攀岩机所需要的三维山峰模型数据、自然环境数据、用户信息数据和操作日志数据等。在用户与平台交互过程中，逻辑层根据用户操作指令调用不同脚本实现数据的调取与使用。

（4）平台支持层 平台支持层主要为系统提供了 PC、操作系统、网络环境、交互硬件等平台所必需的硬件与环境支持。

3. 虚实定位设计思路

如图 10.6 所示，在整机的工作过程中，由两侧的激光定位器发射出激光信号，而用户所佩戴的 VR 眼镜上配有 32 个设备感应器，其内部的光敏二极管吸收来自激光定位基站发出的激光信号，让 PC 端能够凭此计算用户在房间里的精确位置和朝向，从而实现 360°的移动追踪。

同样的原理，系统可以计算出攀岩机的位置和朝向，使虚拟坐标系与实际坐标系重合，使岩面与攀岩机的正面攀岩区基本重合。由此实现虚拟现实系统与机械控制系统的结合。

当用户在虚拟场景中选择退出攀岩地图后，用户将返回到山峰选择界面，同时攀岩机将逐渐停止转动，用户在离开攀岩机后取下 VR 眼镜，从而脱离攀岩机的 VR 系统，返回现实场景。

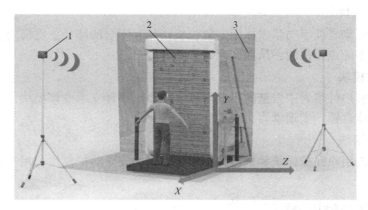

图 10.6　虚拟现实系统与机械控制系统结合
1—激光定位器　2—攀岩机　3—虚拟岩面

10.3　机械控制系统设计

10.3.1　整机机械结构介绍

项目组为了解决目前室内攀岩机存在的多种问题，创新设计了本室内攀岩机的四大功能性模块。攀岩机的虚拟样机如图 10.7 所示。

图 10.7　攀岩机的虚拟样机

1. 整体传动模块

为了减少攀岩机运行过程中的能耗并实现攀岩过程中的相对稳定，项目组设计了配有液压系统的整体传动模块，该模块使攀岩机通过使人体自重与液压阻力实现相对平衡，达到用户在攀岩过程中的位置的相对稳定，实现用户在攀岩机上的攀爬。

2. 路径变更模块

系统设计了由攀岩抓手与攀岩抓手定复位机构相互配合的路径变更模块，用于实现在攀岩过程中攀岩抓手的点位控制，从而实现攀岩路径变更。

3. 支承变幅模块

为了模拟真实户外攀岩中岩壁的不同坡度，项目组设计支承变幅模块，通过蜗轮蜗杆机构提供变幅与整体自锁，实现攀岩机表面的坡度变化。

4. 安全防护模块

系统引入了由用户保护模块和机器保护模块组成的安全防护模块，用于提高用户在攀岩过程中的安全性。

10.3.2 整体传动模块设计

1. 传动机构

攀岩机的传动机构主要由链条、链轮以及液压能耗制动系统组成，整机设置三根链轮轴、八个链轮，带动全部链条运动。将链条的两条普通链结附件替换为 K2 型链结附件，通过 4 个螺栓将两块 K2 型链结附件与攀岩板固定连接，传动机构如图 10.8 所示。

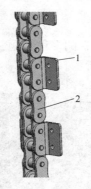

图 10.8　传动机构
1—K2 型链结附件　2—普通链条

2. 液压系统方案

本液压系统需要实现油压阻力平衡人体自重、速度调节与急停保护，因此设计了图 10.9 所示的液压系统回路。以柱塞泵作为负载，通过改变泵上的压力，从而平衡泵轴上的输入力矩。计算出系统最大的压力，选择适当的溢流阀用于安全保护。选择三位四通电磁换向阀，使液压系统可具有三种工况。

本系统中，柱塞泵 3 由攀岩者自身体重带动，从油箱 1 中吸油，油液经滤油器 2 进入柱塞泵 3。当压力过高时，油液可经溢流阀 4 流回油箱。调速阀 9 由手动调节其阀口大小，实现流量调节。正常工作状态下，液压油经过油管 6 排回油箱。

本液压系统的三种工况如下：

① 无负载的调试状态：三位四通电磁阀的阀芯处于下工位，液压油可直接经单向阀和油管Ⅱ流回油箱。

② 攀岩机正常工作状态：三位四通电磁阀的阀芯处于上工位，液压油通过比例调速阀

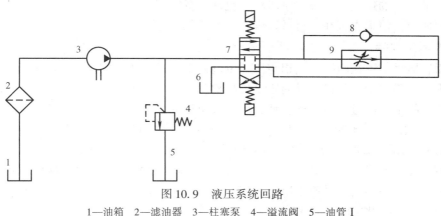

图 10.9　液压系统回路

1—油箱　2—滤油器　3—柱塞泵　4—溢流阀　5—油管Ⅰ
6—油管Ⅱ　7—三位四通电磁阀　8—单向阀　9—比例调速阀

限流保压，然后继续沿回路经油管Ⅱ回流至油箱中。

③ 急停保护工作状态：此状态为三位四通电磁阀的常态位。当在攀岩机正常运行过程中因突发状况而进行急停保护后，三位四通电磁阀的阀芯快速回复到中间工位，切断其右侧回路的液压油供应，从柱塞泵排出的液压油主要通过溢流阀经油管Ⅰ流回油箱，从而实现整机的急停。

10.3.3　路径变更模块设计

该攀岩机设计了由电磁铁推动定位与复位板拨动复位结合的路径变更模块，来实现攀岩过程中攀岩机上抓手的路径变更。本模块由攀岩板、特制攀岩抓手、攀岩抓手定位机构和攀岩抓手复位机构四部分组成。

1. 攀岩板

攀岩板主要分为两抓手槽铝、三抓手槽铝和无抓手横板三类，攀岩板的排列形式如图 10.10 所示。

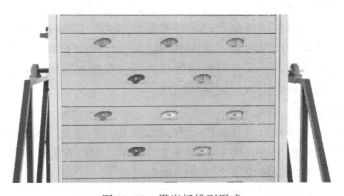

图 10.10　攀岩板排列形式

如图 10.10 所示，两抓手槽铝与三抓手槽铝交叉布置，在每两个槽铝之间都隔有无抓手横板，三者都通过 K2 型链结附件固定在链条上。通过交替布置的排列方式能更好地模拟真实攀岩面上攀岩点的位置，使整体攀岩路径更贴近真实，同时受力板的交替布置能最优化地承受用户的抓力，使攀岩机在运行过程中整体保持相对稳定。

2. 特制攀岩抓手

特制攀岩抓手配置在两抓手槽铝与三抓手槽铝上，其整体结构如图 10.11 所示，主要包括树脂抓手、抓手固定板和抓手导向定复位机构。

攀岩抓手的定复位过程为周期循环过程，其所处的三个状态如下：

（1）初始状态　处于初始状态时，攀岩抓手都处于缩回状态，即复位弹簧处于常态。

（2）定位过程　随着攀岩板的转动，当攀岩抓手到达攀岩抓手定位机构时，根据光电传感器的信号与系统路径变更数据，推拉式电磁铁迅速对攀岩抓手的底部压板进行一次撞击，使支撑圆柱与导向圆柱迅速推出。当攀岩抓手推出至行程终点时，导向圆柱上的复位弹簧处于压缩状态，与此同时摇臂卡紧装置上的摇臂在支撑圆柱的行程终点，摇臂正好到达卡槽位置，摇臂在扭转弹簧作用下，沿其转动圆心在卡槽内部转动，而在压缩弹簧恢复力作用时，卡槽内壁正好顶住摇臂，使得摇臂与卡槽内部产生正压力和摩擦力，摇臂从而限制支撑圆柱与底部压板的位移，支撑圆柱与攀岩抓手相连，从而使得攀岩抓手被推出，由此实现攀岩抓手的伸出定位工作。复位弹簧由于底部压板的位移限制而保持为压缩状态。

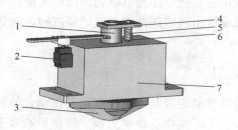

图 10.11　倒置的攀岩抓手
1—支撑圆柱　2—摇臂卡紧装置　3—攀岩抓手　4—底部压板
5—导向圆柱　6—压缩弹簧　7—抓手固定板

（3）复位过程　当攀岩抓手经过前方的用户攀爬区后，到达攀岩抓手复位机构时，其底部的摇臂卡紧装置的摇臂将经过复位机构上的复位板的前端，摇臂尾部受到复位板拨动，使摇臂头部沿卡槽向支撑圆柱的外侧运动。当摇臂头部脱离卡槽时，由于处于压缩状态的复位弹簧作用，支撑圆柱与导向圆柱将同时向底部运动，此时位于攀岩抓手固定板中心的攀岩抓手收回，复位弹簧回到常态，摇臂回到初始状态倾斜靠在支撑圆柱旁，由此实现攀岩抓手的缩回复位工作。至此，一个定位复位周期完成。

3. 攀岩抓手定位机构

攀岩抓手定位机构位于攀岩机背部的上方，如图 10.12 所示。本机构主要由光电传感器定位机构和电磁铁推出机构组成，用于实现对攀岩抓手实时位置的确定并完成对攀岩抓手底部压板的瞬间推出，以完成对预设攀岩抓手的推出定位。

当攀岩抓手经过光电传感器定位机构后，光电传感器传递位置信号，使系统得知此时攀岩抓手的位置，计算出攀岩抓手岩板到达电磁铁推出机构岩板的距离，由其预设的路径为对应的推拉式电磁铁传递推出信号，推拉式电磁铁接收信号后推杆前推，使其前方的攀岩抓手伸出，由此完成对攀岩抓手的推出定位过程。

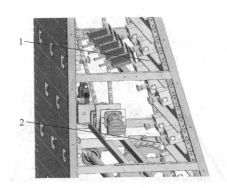

图 10.12　攀岩抓手定位机构

1—电磁铁推出机构　2—光电传感器定位机构

4. 攀岩抓手复位机构

攀岩抓手复位机构位于攀岩机背部的下方，如图 10.13 所示。本机构主要由复位方钢、复位板和三角结构件组成，用于对经过正面攀岩区的攀岩抓手进行复位操作，以实现对所有攀岩抓手的缩回复位过程。

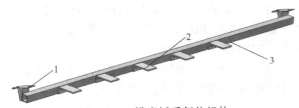

图 10.13　攀岩抓手复位机构

1—三角结构件　2—复位板　3—复位方钢

10.3.4　支承变幅模块设计

支承变幅模块包括支承模块与变幅模块，其中支承模块即为外部的整体框架，用于支承整机；变幅模块以蜗轮蜗杆机构为主体，其主要作用是使攀岩机整机能够处于不同角度，以模拟真实攀岩环境下不同山峰的坡度，适应不同用户的需求。支承变幅模块的构成如图 10.14 所示。

1. 支承模块

支承模块包括两侧外部支承架、外部固定架和外部架构连接杆，如图 10.14 所示。外部固定架通过条形连接板固定在外部支承架中间，用于约束外部支承架的位移。外部构架连接杆通过三角形连接片连接在两侧的支承架之间，用于保证两支承架间的平行度。

外部固定架设计为"丌"字形结构，其顶端中部设有一个带座式轴承，两侧支承架上的轴承支承攀岩机内部的中间支承轴，从而通过中间支承轴将整机的重量传递到外部固定架上，由此实现支承模块对攀岩机整体的支承。

2. 变幅模块

变幅模块包括变幅机构与蜗轮蜗杆机构，两者均设置在支承模块上，用于实现整机的攀

图 10.14　变幅机构的构成
1—外部支承架　2—外部固定架　3—蜗杆　4—蜗轮　5—第一变幅连杆
6—外部架构连接杆　7—第二变幅连杆

岩区表面角度变化，具有自锁死功能。

（1）变幅机构　变幅机构如图 10.14 所示，包括变幅旋杆、第一变幅连杆和第二变幅连杆。变幅旋杆套装在蜗轮上，横贯整个外部支承架。第一变幅连杆的上端开有通孔，用于与变幅旋杆相固连，下端与第二变幅连杆的前端通过销连接。第二变幅连杆的尾端上装带座式轴承，连杆通过两侧的轴承与攀岩机内部的下部支承轴相连接，由此可以通过第二变幅连杆的转动，使得攀岩机本体框架在一定角度范围内摆转。

（2）蜗轮蜗杆机构　蜗轮蜗杆机构如图 10.15 所示，仅设置在右侧外部支承架上，通过变幅机构中的变幅旋杆实现对两侧的变幅机构的驱动。

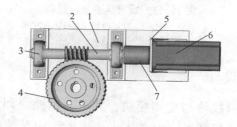

图 10.15　蜗轮蜗杆机构
1—底部板　2—蜗杆　3—UCP206 带座式轴承　4—蜗轮　5—电动机座　6—驱动电动机　7—联轴器

10.3.5　整机控制系统设计

1. 整体控制

攀岩机的机械控制系统采用机电一体化的功能模块设计。在攀岩机的控制系统中，PC 端 Unity 提供底层控制方案数据，即负责数据链路上下行传输，STM32 主控制器负责底层硬件的驱动与相应动作指令的执行，结合光电传感器与旋转编码器对环境信息进行采集处理，与控制器构成反馈，整机控制流程如图 10.16 所示。

2. 液压系统控制

液压系统包括液压柱塞泵、调速阀与三位四通电磁换向阀，其中柱塞泵结合液压能耗制

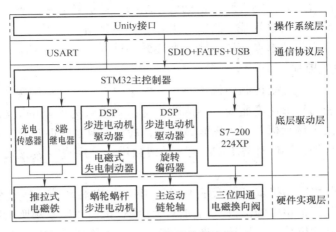

图 10.16　整机控制流程

动方案实现整机运行，调速阀通过手动调整阀口开度以调节整机速度，三位四通电磁换向阀通过控制输入电信号切换滑阀工位，实现整机正反向运行与急停。液压系统中，需要进行电气控制的硬件为电磁换向阀，考虑控制的稳定性与必要性，项目组选用 PLC 作为液压系统的逻辑控制器。

3. 路径变更模块控制

在路径变更模块的控制实现中，推拉式电磁铁作为执行器在相应机构运动下完成对攀岩抓手的推出、排布、复位。基于自主设计的路径变更算法，结合路径数据实现系统运行时路径变更的过程。

电磁铁控制工作流程如图 10.17 所示。

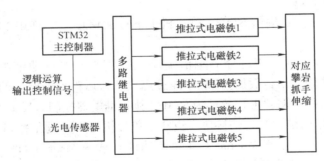

图 10.17　电磁铁控制工作流程

五组抓手伸缩控制分别由五个推拉式电磁铁实现，槽铝按其结构设计分为三抓手岩板与双抓手岩板，对应电磁铁进行编组分为三抓手推拉电磁铁和双抓手推拉式电磁铁。

路径变更算法基于相关硬件，通过对标志位判别，以及对攀岩抓手排布的控制，达到路径变更的目的。路径排布开始后，下位机获得路径数据文件，以进行之后的路径排布动作。在路径变更算法中，设置由用户主动发送的暂停标志位、继续标志位、停止标志位，对路径变更过程实时调控。在确保系统准备阶段正确执行后，推拉式电磁铁推出路径攀爬起始岩点，程序获取数据文件中数据帧的电磁换向阀控制位，并对电磁换向阀工位进行相应控制，实现液压系统的起动、运行、急停过程。不同光电开关间信号量存在自锁与互锁关系，电磁铁对抓手的推出操作通过其检测得到，根据机械结构设计折算检测位置与推出位置，实现抓手即测即推。路径排布变更过程基于路径变更算法，通过循环调用完成抓手组控制，在数据帧信息包含结束位或用户请求停止后，跳出上述循环过程，等待用户下一步操作命令。

4. 支承变幅模块控制

为适应转矩变化，在变幅控制中低速起动，加速调节，以避免调速过程中出现失步。加减速调节的典型方法为梯形速度曲线，加速度恒定；要求较为严格的方法为 S 形速度曲线，加速度动态变化。由于单片机浮点运算能力较低，加减速算法耗时过长，会导致电动机速度无法提高，为此结合加速算法计算 PWM 宽度数值数组，采用查找表方式对电动机进行加减速控制。

支承变幅模块驱动电动机轴同轴安装 DC24V 电磁失电制动器，实现变幅运动结束后与电动机失电状态下对变幅角度的保持。制动器的线圈通电时，衔铁被吸向磁轭，衔铁与制动盘脱离，制动盘与电动机轴同步运动；当线圈断电时，线圈磁场消失，衔铁在压缩弹簧的作用下与制动盘压紧，产生摩擦转矩而制动。

5. 整机复位运动控制

整机复位运动用于实现整机攀爬前准备，即攀岩抓手初始化复位与槽铝初始板复位，本运动独立于液压能耗制动，由电动机提供整机运动转矩，驱动主运动链轮复位。该运动硬件实现由复位驱动电动机、光电传感器、旋转编码器共同构成。

在复位运动结束后要求电动机停止输出，并能实现在液压能耗制动下与链轮轴的同步运动，利用电动机驱动器 ENA 端口，实现通电状态下电动机励磁释放，即电动机通电而不锁轴，切换电动机运行状态为脱机工作，保证电动机在复位运动完成后不再提供力矩并与链轮同步转动。

6. 系统通信接口设计

系统通信接口包括 PC 端与 STM32 单片机上下行通信接口、STM32 单片机与 PLC 通信接口。

（1）PC 端与 STM32 单片机上下行通信接口 PC 端与 STM32 通信接口按其上下行数据的特点进行分类型传输：下行数据为 Unity 通过用户选择后得到的路径的数据文件，以纯文本格式对数据文件进行存储；上行数据为 STM32 执行继电器控制后反馈的响应信号。

（2）STM32 单片机与 PLC 通信接口 STM32 单片机与 PLC 通信接口采用 ModbusRTU 总线协议进行通信。项目组基于 ModbusRTU 总线协议，移植 ModbusRTU 主站于 STM32，依靠主从站对控制数据按总线协议进行传输。PLC 底层通信接口为 RS485，其传输数据结构特点具有实时稳定优势，基于 RS485 的 ModbusRTU 总线协议保证了数据的稳定、有效传输。

系统采用主设备与从设备的一一对应通信。主控制器负责硬件顶层工作分配，子控制器负责 ModbusRTU 通信，减少主控制器 CPU 负担，提高整体控制系统鲁棒性。主控制器通过开关信号量向子控制器输出控制信号，子控制器通过中断信号量 FIFO 对主控制器信号进行接收并分析信号指令，最后通过 ModbusRTU 协议主站对 PLC 从站进行输出继电器控制。

10.4 虚拟现实系统设计

10.4.1 虚拟现实系统架构设计

攀岩机的虚拟现实系统包括功能界面层、逻辑计算层、数据存储层和平台支持层四大主要层级，每个层级分为多个子模块，各个模块之间性质独立但功能关联，具体如图 10.18 所示。

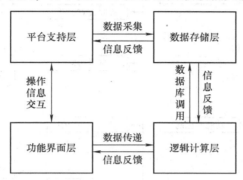

图 10.18　虚拟现实系统架构图

1. 功能界面层

功能界面层是用户、系统和管理员之间进行信息交流互通的窗口，是实现系统功能操作的应用界面层级，其分为用户管理、模式选择、地图选择和系统设置四个部分。本层级的架构如图 10.19 所示。

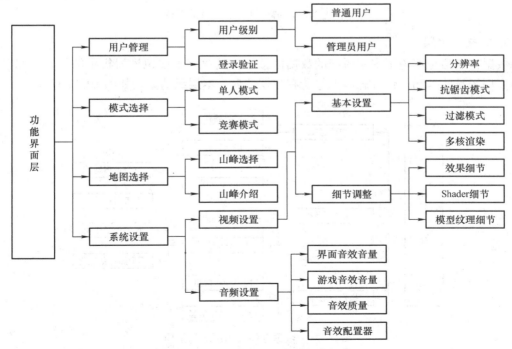

图 10.19　功能界面层本层级的架构

2. 逻辑计算层

逻辑计算层是根据用户与平台交互过程中的操作行为，在系统的后台进行物理引擎计算、场景渲染计算和界面算法支撑等内容的功能性层级，逻辑计算层分为界面层控制、功能性控制和攀岩场景控制三个控制层级，本层级的架构如图 10.20 所示。

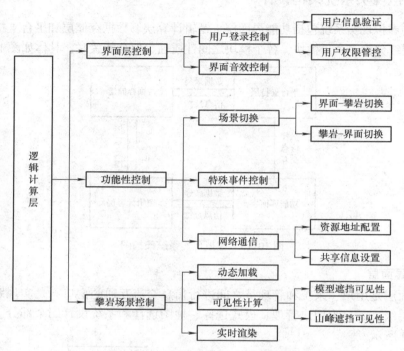

图 10.20　逻辑计算层本层级的架构

3. 数据存储层

数据存储层是本虚拟现实系统的数据信息库，其存储了虚拟攀岩机中的用户信息数据、三维模型场景数据和操作日志数据等所有数据信息，本层级的架构如图 10.21 所示。

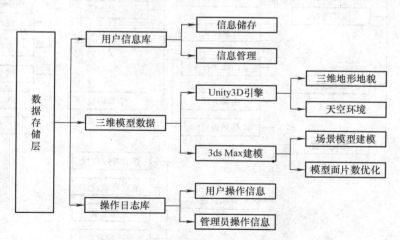

图 10.21　数据存储层本层级的架构

4. 平台支持层

平台支持层主要为系统提供了硬件、操作系统、网络环境、交互式外设等平台所必需的硬件与环境支持。其主要分为 PC、交互式硬件、操作系统和网络环境四个部分。本层级的架构如图 10.22 所示。

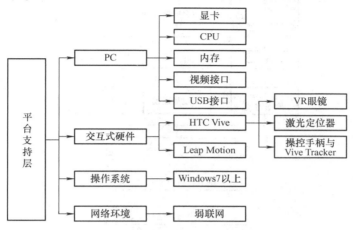

图 10.22　平台支持层本层级的架构

10.4.2　虚拟现实系统开发流程

虚拟现实系统开发流程如图 10.23 所示，通过系统功能界面开发、山峰场景建模与优化、系统基础开发、硬件调试、虚拟现实与攀岩机同步设计以及攀岩机与虚拟现实系统联调。

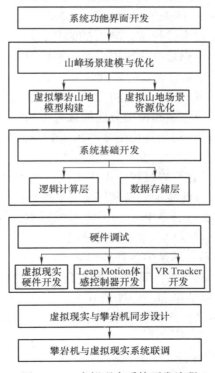

图 10.23　虚拟现实系统开发流程

1. 山峰场景建模与优化

（1）虚拟攀岩山地模型构建 例如，南美洲罗赖马山初步的模型场景建立，其中山峰场景建模的思路如图10.24所示。

图 10.24 山峰场景建模的思路

南美洲罗赖马山山峰模型的制作主要包括山峰模型建立、细节岩石模型建立、周围场景建立和资源四部分。主要通过 3ds Max 多边形建模、Unity3D 的 Terrain 工具地形建模和 Photoshop 的贴图绘制，通过 Terrain 地形编辑器进行山峰地形的初步建模、利用笔刷等工具进行美术修改，利用多边形建模技术进行细致岩石的制作，利用 Photoshop 进行贴图绘制，将岩石模型与山峰地形相契合，得到最终的虚拟攀岩山峰模型，并为多种环境物品赋以逼真的纹理特效，使 VR 眼镜中的山峰具有逼真的视觉效果，给予用户最佳的视觉体验享受。

（2）虚拟攀岩山地模型优化 虚拟攀岩山地模型优化包括混入视域剔除、山地背面剔除、模型遮挡剔除、多层次细节模型和模型分块加载五个部分。

1）混入视域剔除指人物模型与场景模型之间由于物理面积产生的视域混入问题，需要对于不同的模型的层次进行调整。

2）山地背面剔除 指用户在攀岩过程中由于无法达到山峰背面，则在攀岩过程中将背面的模型场景进行剔除操作，以此减少模型和环境加载的时间，提高攀岩场景读取速度。

3）模型遮挡剔除 与可见性计算相关，需要考虑模型遮挡可见性和山峰遮挡可见性，用于解决各种模型之间由于物理面积产生遮挡的情况。

4）多层次细节模型 即攀岩场景中各种地形元素的模型，如石头、树木、鸟类和凹槽等山区特有地形，通过 3ds Max 建模，调试贴图后打包在数据存储层的三维模型数据库中。

5）模型分块加载 与实时渲染和动态加载有关，即在用户进入攀岩场景后，优先读取用户身边的数据资源并进行渲染，之后再读取和渲染场景的其他地方，由此减少用户进入虚拟山峰场景所需加载的时间。

2. 虚拟现实与攀岩机同步设计

（1）机械与虚拟现实系统同步定位 如图 10.25 所示，在整机的工作过程中，需要将实际的攀岩机与虚拟山峰相对应。因此在攀岩机上设置了坐标原点，并装有光敏传感器。激光束由发射器发出，每秒 6 次。每个激光发射器内设计有两个扫描模块，分别在水平和垂直方向轮流对定位空间发射激光扫描 15ft × 15ft（1ft = 0.3048m）的定位空间。攀岩机上的光敏传感器通过计算接收激光的时间来得到传感器相对于激光发射器的准确位置，从而将攀岩机的实际坐标位置与虚拟系统中的山峰模型位置相对应。

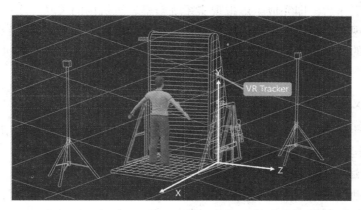

图 10.25　机械与虚拟位置同步示意图

（2）用户在攀岩机上的位置与虚拟现实系统的同步　用户在攀岩机上攀爬时主要是手部、脚部以及 VR 眼镜与虚拟现实系统要保持同步，利用头显和手柄上不同位置的多个光敏传感器从而得出头显和手柄的位置及方向，经 PC 端计算 VR 眼镜在房间里的精确位置和朝向，从而实现 360°的移动追踪。

由于用户的手部动作捕捉通过的体感控制器是在现实场景中对应虚拟场景，并且能够实现空间位置的精确对应，能保证用户在现实中的动作近似同步地反映到虚拟场景中。

（3）攀岩机抓手与虚拟场景中的抓手动态同步　由于攀岩机路径须和虚拟山峰场景路径一致，可将预定的攀岩路径离散成离散点，离散得到的点为平面坐标，平面坐标会分别转换为三维坐标和二进制数据。平面坐标转换为三维坐标是为了实现虚拟场景中攀岩抓手的加载，抓手在 Unity 3D 中做成 prefab，在加载抓手时先将 prefab 实例化，并将其坐标设定为转换后的三维坐标，其方向垂直于攀岩面，虚拟场景中循环执行单个抓手加载过程，完成在虚拟山峰表面上所有抓手的自动加载。平面坐标转换为二进制数据是实现攀岩机上抓手的推出，并与虚拟场景中的抓手实现同步，由上位机发送文件到下位机，攀岩机上通过控制系统推出相应的抓手。

为实现攀岩机抓手与虚拟场景中的抓手动态同步，需要将平面坐标转换为相对距离。为了使攀岩机运转过程中抓手能够与虚拟系统中的岩点相匹配，需将攀岩机上的平面位置数据转换为攀岩点相对于起始点的位置数据，使二维平面（攀岩机平面）坐标与三维平面（虚拟场景中抓手所在平面）进行统一，先使攀岩机处于变幅角度为 0°的位置，此时获取追踪器与零号板上零号抓手的相对位置，并由此反推出虚拟抓手应在的位置，然后以此为虚拟抓手的加载起始点。

3. 攀岩机与虚拟现实系统联调

攀岩机与虚拟现实系统联调，即 VR 眼镜和体感控制器与攀岩机沉浸式虚拟现实系统的

接入与联调。其中 VR 眼镜将通过 Micro USB 接口连接至系统中，由于 Unity3D 引擎对 VR
眼镜官方开发支持，并利用 Steam 平台所提供的 Steam VR 工具，通过攀岩机内预设的 HTC
开发包即可实现系统与硬件的联调结合；体感控制器的使用方式与 VR 眼镜类似，将其开发
资源导入到 Unity3D 引擎中，完成与 VR 眼镜的数据结合。然后将其固定在眼镜上，并将
USB 数据线连接到主机上，即可完成与主机的连接配备工作。

在完成上述工作后，即完成了虚拟现实系统与攀岩机机构的关联。之后再进行多次的攀
岩机表面与虚拟现实山峰表面定位等操作，使得虚拟的山峰表面与攀岩机表面完全重合，同
时使虚拟现实中的其他功能均可对应攀岩机机体实现，即可完成对于攀岩机与虚拟现实系统
的联调。

10.4.3　信息反馈系统

信息检测模块分为用户攀岩运动信息检测和用户身体健康信息检测，用于检测用户攀岩
的具体数据以及运动时的身体状况。

1. 用户攀岩运动信息检测

用户攀岩运动信息检测主要包括对用户攀岩过程中的攀岩高度、攀岩时间和攀岩速度信
息的检测，其由安装于攀岩机链轮上的旋转编码器实现对攀岩信息的采集。链轮随着用户的
攀岩过程同步旋转，信息系统利用旋转编码器所反馈的数据对攀岩机链轮转动圈数统计。主
机对信息进行处理后计算出用户的攀岩高度和攀岩速度等信息，同时根据内部定时器得到用
户攀岩时间，最后将所得信息传输到信息系统。

2. 用户身体健康信息检测

用户身体健康信息检测主要是检测用户的心率生理信息。通过运动手环来完成检测工
作。其工作原理如下：通过运动手环内的光学心率传感器，信息系统可以对用户的心率进行
测量。

信息分析模块通过对得到的信息数据进行汇总，再经过系统分析，得到当前用户运动与
健康状况。同时系统会将相关数据储存起来，与用户历史数据进行对比，进一步分析用户的
健康状态，并以趋势图的形式反馈给用户，制作一份用户本次攀岩运动的健康报告，并在其
中给予用户有针对性的攀岩建议。其中攀岩建议主要分为用户的运动过程休息建议和运动过
程呼吸调节建议。

10.5　用户操作流程

图 10.26 所示为本攀岩机的用户操作流程，用户通过在现实场景与虚拟场景中进行不同
的操作，从而进行整个虚拟攀岩过程。

在现实场景中，用户在 PC 上登录本项目的虚拟现实系统后，戴上配备的 VR 眼镜，进
入功能管理层中，进行系统设置、模式选择和山峰选择等个性化设置。在用户完成个性化选
择后，其视角将被自动切换到山峰表面，同时虚拟现实系统将同步开始加载相应的场景与环
境资源。

用户在攀岩机上开始向上攀爬后，攀岩机开始转动，攀岩抓手的定位与复位工作也开始
进行，此时用户在攀岩场景中即可沿加载的攀岩抓手进行攀岩运动。在用户沉浸在虚拟场景

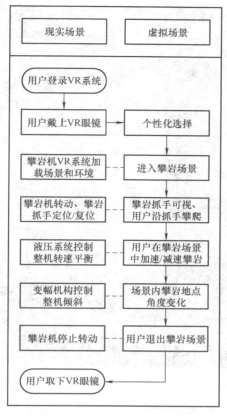

图 10.26 用户操作流程

中进行攀岩时，根据用户的攀岩速度，攀岩机内的液压系统将通过人体自重和油压阻力的相对平衡，保持用户在攀岩机上相对位置的稳定。根据用户的攀岩点角度预设值，变幅机构将驱动蜗轮蜗杆机构，使整机以预设角度倾斜，提升用户攀岩过程的沉浸感。当用户退出攀岩场景时，作用于攀岩机上的人体自重消失，液压系统中对应的油压阻力也逐渐减小，攀岩机将自动停止转动。虚拟山峰场景如图 10.27 所示，攀岩机整机实物如图 10.28 所示。

图 10.27 虚拟山峰场景

图 10.28　攀岩机整机实物

　　"虚拟与现实融合的路径可调室内攀岩机"获得了湖北省第十一届"挑战杯"竞赛特等奖、第十五届全国"挑战杯"竞赛三等奖。